Wie funktioniert die Verdauung?

Ausgefeilt, abgestimmt, aggressiv – die gesamte Verdauung des Hundes beeindruckt durch Arbeitsteilung der besonderen Art. Und das seit vielen Jahrtausenden, vom frei lebenden Wolf zum domestizierten Hund.

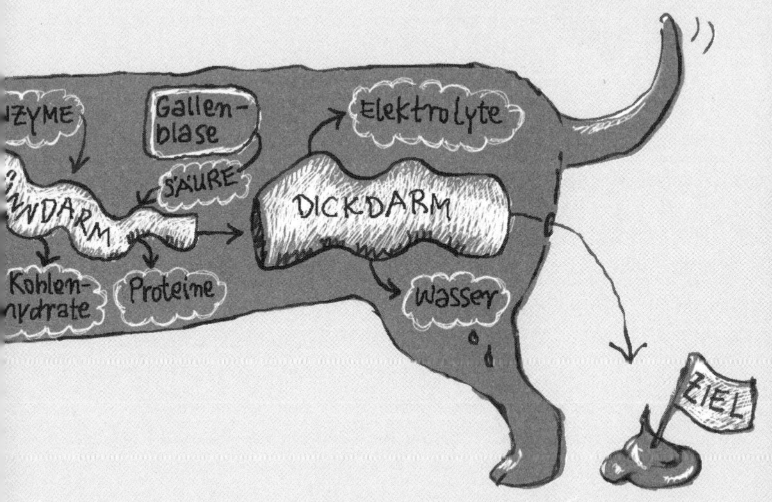

Einmal durch den ganzen Körper

Der Magen-Darm-Trakt der **Fleischfresser**, zu denen der Hund zählt, ist verhältnismäßig einfach gebaut, da die Erfordernisse an ihn relativ gering sind: Es war für einen Wolf beispielsweise schwieriger Beute zu fangen, als sie zu verdauen. Und die natürlich aufgenommenen Nährstoffe sind in der gut verdaulichen Nahrung, in den Beutetieren, reichhaltig vorhanden. Darum rechnet man den Hund beziehungsweise Wolf auch den sogenannten „Beutetierfressern“ zu (s. hierzu auch Seite 76).

Was passiert beim Fressen?

Die **Verdauung** der Hunde beginnt, wie bei uns Menschen, in der Schnauze mithilfe von Zähnen, Zunge und Speichel.

Hunde und Wölfe sind sogenannte **Schlingfresser**, das heißt, sie zerkleinern die Nahrung nicht so stark wie wir. So müssen die relativ großen Nahrungsstücke gleitfähig sein, um leichter durch die Speiseröhre rutschen zu können. Ihr **Speichel** dient dabei der besseren Befeuchtung der Speise. Er bildet sich über die in der Mundhöhle befindlichen Speicheldrüsen. Der Speichelfluss kommt aber nicht erst bei der Nahrungsaufnahme zustande, sondern bereits, wenn die Tiere Futter wahrnehmen, also riechen oder sehen. Ein weiterer Unterschied ist der Speichel an sich: Durch den menschlichen Speichel wird die Nahrung mit Enzymen versetzt und Stärke in Glucose umgewandelt. Der Speichel der Vierbeiner hingegen bereitet die grob zerkaute Nahrung vor allem auf die Reise von Speiseröhre zum Magen vor und macht die noch recht großen Speisebrocken gleitfähiger. Übrigens richtet sich die Konsistenz des Speichels nach der Art des

Ist unser Essen auch gut für Hunde? 42

Im Dschungel der Futterempfehlungen 66

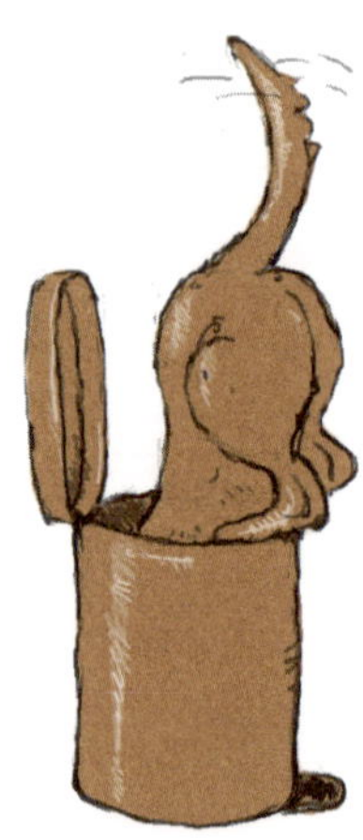

Ein Wort vorab

Wir lieben unsere Hunde, sie sind Familienmitglieder und wir wollen ihr Bestes!

Dabei möchten wir alles richtig machen, ob bei der Erziehung, bei der Pflege oder bei der Ernährung. Aber was ist denn richtig? Gibt es das überhaupt? In der Autowerkstatt, im Fachhandel, in Alltagsfragen und eben in der Hundeernährung – überall müssen wir den jeweiligen Experten trauen. Oft begegnen uns wohlgemeinte Ratschläge, etwa auf dem Hundeplatz, im Internet oder in der Werbung. Hier halten sich hartnäckig Ernährungsmythen, bei denen es sich lohnt, sie genauer anzuschauen.

Sie fragen sich sicherlich gerade, ob man tatsächlich solch ein Buch schreiben kann, das für alle Hunderassen Gültigkeit hat. Denn bei der riesigen Rassenvielfalt beeindrucken unsere Vierbeiner schließlich doch durch große Unterschiede in Gewicht, Größe, Charakter und Aussehen. Die Antwort ist einfach: ja!

Klar, der Hund stammt vom Wolf ab, die Erkenntnis ist nicht neu. Aber vielleicht ist Ihnen neu, dass alle Hunderassen, von klein bis groß, vom Chihuahua bis zum Wolfshund, auch dessen Verdauungstrakt „geerbt" haben. Wenn man diesen nämlich mit dem des Wolfes vergleicht, stellt man fest, dass er nach dem gleichen Prinzip aufgebaut ist. Das hat für die artgerechte Ernährung unserer Vierbeiner Konsequenzen.

Mit diesem Buch möchte ich Ihnen zur Seite stehen, sich ein eigenes Bild machen zu können.

Zu Beginn des Buches gehe ich daher im theoretischen Teil auf den Verdauungstrakt des Hundes ein: So werden Sie die Mythen mit anderen Augen sehen können.

Viel Spaß beim Lesen wünscht Ihnen Ihre
Nadine Fahrenkrog

Start
SPEISERÖHRE
MAGEN
Bauch-
speichel-
drüse

Futters: Der Hund, der hauptsächlich mit rohem Fleisch ernährt wird, hat eher schleimigen Speichel, wohingegen der Speichel eines mit Trockenfutter gefütterten Hundes eher wässrig ist.

Der Hund hat insgesamt 42 **Zähne**. Seine vier Eckzähne beziehungsweise in dem Fall die des Wolfes, nutzt er vor allem zur Beutegreifung und -tötung, sie nennt man darum auch Fangzähne. Die Backenzähne (vordere und hintere) wiederum zerschneiden das Fleisch und zerkauen die Nahrung. Der Hund zerkleinert seine Nahrung jedoch nur ganz grob. Die Schneidezähne dienen dabei zum Abknabbern von Knochen.

Des Weiteren sitzen auf der Mundschleimhaut und den Zähnen des Hundes viele natürliche einzellige **Keime und Bakterien**, die beim ersten Verdauungsvorgang mithelfen. Diese „gesunde Mundflora" bleibt mittels Selbstreinigung durch den Speichel, Zungenbewegung und dem Abrieb beim Kauen und Nagen erhalten. Problematisch kann es erst werden, wenn dieser Einklang nicht mehr gegeben ist. Hier sollte nach der Ursache, wie Zahnstein, Karies oder Entzündungen an der Mundschleimhaut und am Zahnfleisch geschaut werden.

Für eine intakte „Anfangsverdauung" ist es darum wichtig, dass der Hund ein gesundes Gebiss, eine intakte Mundschleimhaut und eine heile Zunge hat. Wenn dies nicht gewährleistet ist, ist der erste Teil der Verdauung unter Umständen schon gestört.

Hunde haben rund zehn Zähne mehr als wir Menschen. Allerdings gibt es Rassen, bei denen nicht alle Zähne vollzählig angelegt sind. Das kommt vor allem bei den Zwergrassen wie Pinscher, Chihuahua, Havaneser und Jack Russell Terrier vor.

Fressen ist geschluckt – und dann?

Durch den Muskelschlauch der **Speiseröhre** gelangt die Nahrung weiter in den Magen. Dort wird die Nahrung aufgenommen und durch die Einwirkung der Magensäure und der dort gebildeten Verdauungsenzyme der **Verdauungsprozess** in Gang gesetzt.

Nach und nach werden kleinere Mengen Nahrung an den **Dünndarm** abgegeben und dort in ihre Bestandteile (Proteine, Kohlenhydrate und Fette) aufgespalten. Dies geschieht mithilfe der Bauchspeicheldrüse, die Verdauungsenzyme freigibt.

Außerdem werden von der Leber beziehungsweise Gallenblase Gallensäuren in den Dünndarm abgegeben, die ebenfalls bei der Verarbeitung von Fetten mithelfen. Über die Darmwand gelangen die benötigten Nährstoffe in den Körper.

Der dann folgende **Dickdarm** besteht aus drei Teilen: Blinddarm, Grimmdarm und Mastdarm. Im Dickdarm werden vorhandenes Wasser und die Elektrolyte (Salze) aufgenommen und an den Bedarfsort im Körper abgegeben sowie die Vitamine B und K hergestellt und aufgenommen, der Nahrungsbrei wird eingedickt und zum End- und Ausscheidungsprodukt Kot geformt. Auch werden in den Dickdarm die sogenannten Abfallprodukte des Stoffwechsels abgegeben.

Der Blinddarm des Hundes ist mit dem des Menschen nicht zu vergleichen: Er ist bei ihm sehr klein und es fehlt der Wurmfortsatz. Daher kann ein Hund auch die von uns Zweibeinern gefürchtete Blinddarmentzündung (Entzündung des Wurmfortsatzes) nicht bekommen.

Der letzte Teil des Dickdarms ist der **Mastdarm**, welcher mit Zellen versehen ist, die einen Schleim abgeben. Dadurch werden die Exkremente mit einer dicken Schleimschicht überzogen, um leichter ausgeschieden werden zu können. Erreicht die angesammelte Menge im Dickdarm ein bestimmtes Volumen, werden die Muskeln des Afters zur Entleerung geöffnet.

Der Darm der Hunde ist etwa 50 % kleiner als der von Pflanzenfressern. Dies ist ernährungsbedingt: Die Nahrung von Pflanzenfressern ist schwieriger zu verdauen, als das Essen der Fleischfresser. Ein erstes Indiz dafür, dass unsere Vierbeiner auf eine Ernährung mit „rohem" Getreide und Gemüse nicht eingestellt sind.

Der **After** – die letzte Station im Verdauungsvorgang – besteht aus einem inneren und einem äußeren Schließmuskel. Der innere Muskel wird unwillkürlich, der Äußere dagegen willkürlich, also über den Willen und bewusst gesteuert. Das macht es möglich, dass Ihr Hund sein Geschäft auch mal zurückhalten kann, wenn ein Spaziergang noch nicht in Sicht ist.

Am After befinden sich auch die **Analbeutel**, welche während des Entleerens ein Sekret abgeben. Dieses Sekret dient zum einen der Befeuchtung und damit dem leichteren Hindurchgleiten des Kots, aber auch gleichzeitig zum Markieren des Revieres als Erkennungs- und Kommunikationsmerkmal.

Der Magen ist aggressiv

Die **eigentliche Verdauung** beginnt bei Hunden im Magen und nicht, wie bei uns Menschen, durch das Zerkauen der Nahrung im Mund.

Der Magen unserer Vierbeiner ist im Vergleich zu ihrer Körpergröße und -masse relativ groß. Dabei steigt dessen Fassungsvermögen aber nicht proportional zur Hundegröße: Im Verhältnis ist der Magen großer Hunde kleiner als der kleinerer Tiere.

Der Hundemagen ist durch seinen muskulären Aufbau sehr dehnfähig, sodass ein Hund eine große Menge Futter in kürzester Zeit unzerkaut herunterschlingen, aufnehmen und verdauen kann. Der Magen liegt hinter den Rippen geschützt, ist von außen durch das Bauchfell abgedeckt und gegen äußere Einwirkungen abgesichert.

Bei den Fleischfressern wird die Nahrung erst im Magen bearbeitet: mithilfe der starken **Magensäure** (und den Verdauungsenzymen).

Ihre Magensäure ist stark konzentriert und sehr aggressiv. Sie beinhaltet rund **zehn Mal so viel Salzsäure** wie die Magensäure des Menschen. So ist es verständlich, dass sich der Magen vor der Selbstauflösung schützen muss und schützt: Die innere Magenwand ist von einem dicken Schleimfilm umgeben. Durch den konzentrierten

Aufgenommene Nahrung verweilt 6 bis 14 Stunden im gesamten Verdauungstrakt des Hundes. Hier ist jedoch die Nahrungsart entscheidend: Trockenfutter etwa 12 bis 14 Stunden, Rohfleisch 6 bis 8 Stunden.

Anteil der Salzsäure wirkt die Magensäure außerdem desinfizierend, sodass Hunde relativ unbeschadet Keime und Bakterien über die Nahrung aufnehmen können. Dies ist für den Wolf von großer Bedeutung, weil er dadurch seine getötete Beute vergraben und bei Bedarf wieder ausgraben kann, ohne dass ihm die Bakterien und Keime beim Verzehr etwas anhaben können. Durch **nicht** artgerechte Ernährung verringert sich bei Hunden häufig die Magensäurekonzentration, wodurch sich Bakterien bilden können. Diese Bakterien führen häufig zu Magen-Darm-Problemen und Bauchgeräuschen (Gasproduktion).

Der pH-Wert im Magen eines Hundes variiert stark. So liegt er zwischen den Mahlzeiten um sechs, sinkt aber durch das Fressen relativ schnell wieder auf eins. Übrigens teilt sich der pH-Wert in drei Gruppen auf: alkalisch (<7) , neutral (7) und sauer (>7).

Nach einigen Stunden Verdauungszeit wird das Futter an den Dünndarm weitergegeben. Es geht aber nicht so „aggressiv“ weiter, denn das alkalische Sekret der Bauchspeicheldrüse wirkt neutralisierend, sodass im Zwölffingerdarm die pH-Werte nur noch um sechs liegen. Im Dünndarmbereich kann der pH-Wert bis auf sieben steigen.

Die Hauptverdauung findet statt, wenn der Nahrungsbrei den Magen in den Zwölffingerdarm verlässt. Dort wird die Nahrung in ihre einzelnen Bestandteile gespalten, aufgenommen und an den Körper abgegeben.

Im Unterschied zu uns Menschen produziert der Hundemagen nicht dauernd Magensäure. Ist der Magen nicht gefüllt, kommt auch deren Produktion zum Stillstand. Erst durch den Schlüsselreiz „Futter“ wird diese wieder aufgenommen.

Hinschauen lohnt sich

Der Hundekot kann uns wichtige Informationen zum Gesundheitsstand unseres Vierbeiners liefern, darum lohnt sich ein genauerer Blick.

Hundekot besteht aus den Anteilen der Nahrung, die nicht verdaut werden konnten, wie Ballaststoffe und den Resten von Fetten, Stärken, Bindegewebe- und Muskelfasern. Und zu einem großem Teil aus Wasser, das nicht in den oberen Dickdarmabschnitten resorbiert wurde.

Der Gehalt an **Rohasche** im Hundekot schwankt zwischen 10 % und 50 %. Sind viele Knochen gefressen worden, kann der Rohaschegehalt noch höher sein. Der **Wasseranteil** wiederum liegt bei 50 bis 75 %. **Rohproteine** machen normalerweise zwischen einem Viertel und der Hälfte der gesamten Kotmenge aus. Der Fettgehalt liegt dabei unter einem Fünftel, bei sehr gut verdaulichem Futter bei rund einem Zehntel.

Aber auch körpereigene Bestandteile sind zu finden:

- abgestoßene **Darmzellen** sowie
- Rückstände von **Verdauungsenzymen** und Schleim.
- Die **Darmflora** ist ein wesentlicher Bestandteil des Kots. Im Normalfall besteht sie aus Mikroorganismen.
- Die **Gallenfarbstoffe** Bilirubin und Biliverdin ergeben die charakteristische bräunliche Farbe des Kots.
- Weiter wird noch eine geringe Menge der Gallensäuren sowie des zum Schutz der Darmschleimhaut von der Galle ausgeschiedenen Phospholipide ausgeschieden.

Der **unangenehme Geruch** des Kots entsteht durch die Verdauung von Proteinen. Es trägt aber auch Schwefelwasserstoff zum Geruch bei. Dieser wird beim Abbau der schwefelhaltigen Aminosäuren durch Fäulnisbakterien gebildet. Übrigens stinken die Ausscheidungen der Pflanzenfresser auch deshalb nicht so stark – sie nehmen keine Proteine zu sich.

Die Intensität des Geruchs hängt vor allem von der Futterart ab, von eventuellen Fehlgärungen und vom Gehalt an Wasser.

Generell gilt: Je mehr minderwertiges Futter gefüttert wird, desto größer und stinkender ist die Kotmenge. In der Regel setzt ein **gesunder Hund**, mit ausgewogener Ernährung, ein bis zwei Mal am Tag Kot ab.

Welpen setzen häufiger Kot ab, weil vor allem die Impulsivität des noch wachsenden Darms viel höher ist und auch die Fütterungshäufigkeit. Bei **alten Hunden** lässt die Leistung des Verdauungsapparates nach. Darum sollten ältere Tiere leicht verdauliche Nahrung erhalten.

Durch **tägliche Beobachtung** können Sie schon am Kot Ihres Hundes erkennen, ob sich Änderungen ergeben haben. Der Kotabsatz ist einer der **ersten Anzeichen für Krankheiten** oder innere Verletzungen.

Würmer sind mit bloßem Auge nur bei extrem fortgeschrittenem Befall erkennbar. Da hilft nur eine Kotanalyse, denn die Wurmeier befinden sich meist nicht an der Oberfläche des Kots.

Der Kot ist auch für Artgenossen eine schöne Informationsquelle. So erfahren die Hunde beim „Zeitunglesen" vom Urin- und Kotabsatz, wer da war, wie dessen Befinden war, welches Geschlecht das Tier hatte, ob es fruchtbar war und was dieses vorher gefressen hatte.

Wie vorne rein, so hinten raus ...

Wie kann ich als Laie feststellen, ob das Futter, das mein Vierbeiner täglich vorgesetzt bekommt, gut verdaulich, gesund und artgerecht ist – und wie erkenne ich das Gegenteil?

Abgesehen vom Futteretikett, auf das ich später zu sprechen komme, können Sie langfristig gute Ernährung sicher am Aussehen des Fells, an der Lebensfreude Ihres Hundes und natürlich an seinem Gewicht erkennen. Aber ganz kurzfristig ist die Eigenschaft des Futters über die Ausscheidungen, ganz speziell des Kots, sichtbar. Unterschiede, Bekömmlichkeiten und Unverträglichkeiten einzelner Futtersorten werden schnell an der Menge, Farbe, Geruch und Festigkeit deutlich. Bei einem guten Futter ist die Kotkonsistenz fest, aber für den Hund leicht absetzbar und er setzt nicht mehr als ein bis zwei Mal am Tag kleinere Haufen ab.

Grundsätzlich ist die Konsistenz des Kots abhängig von der Geschwindigkeit mit der er den Dickdarm passiert: Wenn die Darmperistaltik, die Eigendarmbewegung, zu langsam ist, kommt es zu vermehrtem Wasserentzug, der Kot dickt ein und kann nur schwer abgesetzt werden – die Folge ist eine **Verstopfung**. Die Ursachen hierfür können falsche Ernährung, wie zum Beispiel eine kurzfristige Verstopfung durch die (übertriebene) Verfütterung von Knochen, zu wenig Bewegung und ernstere Erkrankungen sein.

Eine zu schnelle Darmpassage wiederum führt zu **Durchfall**, da dem Kot auf dem Weg nach draußen nicht genügend Wasser entzogen werden kann. Hier spielt auch wieder die Ernährung eine wesentliche Rolle.

Tageweise kann, je nach Fütterung, die Beschaffenheit, der Geruch und auch das Aussehen des Kots **durch die Ernährung beeinflusst** werden. So wird ein Hund, der Fisch samt Gräten bekommen hat, einen helleren und festeren Kot haben, als einer, der Muskelfleisch vom Rind gefressen hat. Sollten Sie über einen längeren Zeitraum Farbveränderungen oder Ähnliches bei Ihrem Tier feststellen, dann sollten Sie ihn beim Tierarzt/Tierheilpraktiker vorstellen. Längerfristiger weicher Kot oder Durchfall sind Anzeichen für Mängel in der Fütterung oder aber einer Erkrankung, ebenso wie eine dauerhafte Farbveränderung oder Verstopfung.

Die Häufigkeit und Konsistenz des Kotabsatzes ist demnach abhängig von Fütterungsgewohnheiten und -bedingungen, Wohlbefinden, Lebensform, Regelmäßigkeiten und Stress. Unterschiedliche Empfindlichkeiten gibt es hier von Rasse zu Rasse, aber auch von Hund zu Hund: Beispielsweise verträgt der eine Vierbeiner Stress besser als ein anderer und/oder bei einem verursacht häufiger Futterwechsel keinerlei Probleme, während ein anderer schon bei den kleinsten „Fehlern" reagiert. Beim Futterwechsel sollten wir Besitzer beachten, dass die unterschiedlichen Futtervarianten auch unterschiedliche Verdauungszeiten haben. Trockenfutterhunde können sicher länger ihren Kot zurückhalten, als ein mit Nassfutter gefüttert Vierbeiner (vorausgesetzt, das Futter ist hochwertig). Allgemein gilt: Je besser die Begeben-

heiten für den Hund, desto effektiver sind die Verdauung und der Stoffwechsel.

Früher sah man öfter mal **weiße Kothaufen** der Hunde auf den Straßen. Ich werde oft gefragt, was diese Farbe auslöst und warum man das heute gar nicht mehr sieht. Ganz einfach: Zum einen werden Kothaufen weiß, wenn sie über einen längeren Zeitraum auf der Straße vor sich „hingammeln“. Denn die Farbe der Gallensäure im Kot entfärbt sich nach ein paar Wochen bis Monaten. Dies sieht man heutzutage aus einem einfach Grund weniger: Die Kothaufen werden zum Glück von den meisten vernünftigen Hundebesitzern aufgesammelt und weggeschmissen.

Tiertherapeuten führen häufig eine Analyse des Hundekots durch. Daraus können mit und ohne Hilfsmittel viele Rückschlüsse gezogen werden. Kot ist für Hundehalter und Therapeuten eine wichtige erste Information über das Befinden des Tieres.

Anhaltspunkte zum Bewerten des Hundekots		
	Normal	**Abweichungen**
Konsistenz	Feste, aber gleitfähige Form	**Breiiger Kot** weist auf eine einseitige oder falsche Ernährung hin, kann aber auch Stress, Überfütterung oder eine organische Erkrankung anzeigen. **Harter Kot** zeigt meist ebenfalls eine falsche Ernährung mit zu wenigen Ballaststoffen und zu wenig Bewegung an.
Farbe	Braun	**Hell bis eierschalenweiß**: Bei starker Knochenfütterung, weist aber auch auf Leberprobleme hin. **Gelblich**: Fütterung von Muttermilch. **Oliv/grünlich**: Fütterung von Gemüse und Grünfutter. **Dunkel bis schwarz**: Fütterung von Sehnen, Knorpel und Lunge. (Achtung! Auch eine Blutung im Darm kann den Kot dunkel verfärben.) **Rötlich/grünlich**: Farbstoffe im Futter, aber auch bei Fütterung von frischer Rote Bete.
Überzug	Leichte, kaum sichtbare Schleimschicht	**Schleimig/fettig/ölig**: Kann auf Probleme der Bauchspeicheldrüse hindeuten.

Zum anderen wurden früher – vor allem in den 60er- und 70er-Jahren – mehr Knochen verfüttert. Und der Kot wird weiß, wenn ausschließlich und über einen längeren Zeitraum Knochen verfüttert werden. Vor allem nach **Schweinefleischknochen** und da hat sich mittlerweile herumgesprochen, dass Schwein in jeglicher Form **nicht** verfüttert werden sollte.

Von Futteretiketten und Experten

Inhaltsangaben, Versprechen, Bedarfstabellen – was steckt wirklich hinter Werbung, Preis-Leistung und Pflichtangaben? Was bleibt unserem Hund unterm Strich aus seiner heutigen Ernährung?

Mythos Auf dem Futteretikett erkenne ich schnell und gut, was drin ist

Nein, leider nicht!

Die Inhaltsangaben auf den Produkten sind für den nicht geübten Leser oft schwierig zu durchschauen. Jedes Futter sieht auf den ersten Blick genau gleichwertig aus. Aber wirklich nur auf den ersten Blick! Denn bei den Tierfuttermarken sind **Qualitätsunterschiede** viel **gravierender** als bei der menschlichen Nahrung und als man glauben mag. Vermeintlich gut klingende Inhaltsstoffe sind nicht mehr als minderwertige Abfälle und nicht von nahrhafter Bedeutung für den Hund. An wieder andere Deklarationen haben wir uns als Hundehalter so gewöhnt, dass diese Dinge scheinbar schon ins Futter gehören, wie etwa Zusatzstoffe.

Einige Inhaltsstoffe unterliegen der sogenannten Pflichtdeklaration. So müssen beispielsweise Rohprotein, Rohfaser, Rohfett und Rohasche (meist prozentual) auf dem Etikett angegeben sein. Allerdings sagen diese Informationen nur wenig über die Qualität des Futters aus.

Einige dieser Angaben möchte ich hier kurz erläutern, eine ausführlichere Auflistung finden Sie auf Seite 118:

> **Bäckereierzeugnisse:** Hier finden sich versteckte Zucker.

> **Cellulose/Zellulose:** Unverdauliche Abfallprodukte aus der Getreideherstellung, die die Aufnahme von Vitaminen beeinträchtigt.

„Ohne Zuckerzusatz“ bedeutet, dass kein Zucker als **Einzel**bestandteil in das Futter **gegeben** wurde. Es heißt **nicht**, dass kein Zucker im Futter enthalten ist. Zucker ist ein natürlicher Konservierungsstoff und Geschmacksverstärker.

- **Tierische Nebenerzeugnisse:** Eine Umschreibung von nichts anderem als Schlachtabfällen, also minderwertige Eiweißquellen wie Hufen, Federn, Hörner, Wolle, Geschlechtsorgane und alle anderen bindegewebsreichen Abfälle aus der Schlachtung.
- **Rohasche:** Sollte einen Wert von 4 % nicht überschreiten. Der Wert sagt aus, was theoretisch übrig bliebe, wenn das Futter komplett verbrannt würde.
- **Rohfaser:** Ballaststoff, vermittelt ein Sättigungsgefühl; in Diätfuttern erhöht.
- **Rohfett:** Bezeichnung für Fettquellen, dabei ist nicht erkennbar, ob hier tierisches oder pflanzliches Fett verwendet wurde. Übrigens, auch Altöl hat einen Rohfettgehalt.
- **Rohprotein:** Eiweißverbindungen, Eiweißquellen.
- **Zusatzstoffe:** Umfasst unter anderem alle gentechnisch oder chemisch hergestellten Vitamine und Spurenelemente, aber auch Konservierungs- und Aromastoffe. Mehr dazu auf Seite 123.

Mythos Hundefutter – von Tierärzten empfohlen, von tierlieben Wissenschaftlern entwickelt

Nein, das gilt leider für viele Futter nicht, auch wenn uns das die Werbung erzählt.

Hand aufs Herz, glauben Sie alles, was Ihnen beispielsweise die Kosmetikindustrie verspricht? Nein? Uns Hundebesitzern wird ebenfalls viel versprochen, von Futtermittelherstellern, Tierärzten und der Werbung.

Auch wenn die Werbung uns leuchtende Augen, starke Knochen, ein kräftiges Gebiss und hervorragende Ausdauer für unsere Hunde versichert, das Ergebnis ist oftmals anders: Mangelerscheinungen und Zivilisations-Krankheiten sind die Antwort – und das durch sogenanntes Premium-, aber auch durch Billigfutter. Darum lohnt sich auch bei dem Futterkauf für Ihren Vierbeiner eine kritische Einstellung.

Man kann nicht abstreiten, dass die Auswahl von Futteranbietern und -sorten riesige Ausmaße angenommen hat. Leider aber ist die Qualitätsvielfalt ebenso groß und es erstaunt, dass so viele Futtermarken „von Tierärzten empfohlen" werden.

So verwundern beim oberflächlichen Hinschauen zum Beispiel Zutaten wie Knoblauch, Schokolade und einige Kräuter, von denen man weiß, dass sie für Hunde nicht gesund oder unter Umständen sogar tödlich sein können. Die Folgen sind ernährungsbedingte Krankheiten oder besser gesagt die sogenannten Wohlstandserkrankungen wie Diabetes, Übergewicht, Allergien, Herz-Kreislauf- und Skeletterkrankungen. Die Liste ist lang. Füllstoffe, pflanzliche Proteine, unverdauliche Bestandteile und zu wenig tierisches Eiweiß im Futter sind die Gründe.

Aus welchen Bestandteilen ein gutes Hundefutter zusammengesetzt sein sollte, erschließt sich, wenn wir nochmals auf die Ernährung des Vorfahren unserer Hunde zu sprechen kommen, dem Wolf.

Die Ernährung des Wolfes als Vorbild

Machen wir uns abermals bewusst, dass der Wolf ein Beutetierfresser ist. Beutetiere liefern eine Menge hochwertiges Eiweiß und Fett in Form des **Muskelfleisches**, aber auch fettlösliche Vitamine und Spurenelemente in Form von **Organen** (Leber, Niere), Mineralstoffe wie Kalzium mit den **Knochen**, Natrium mit dem **Blut**, wasserlösliche Vitamine sowie einen kleinen Anteil an Fasern mit dem **Darminhalt**. Die schwerverdaulichen Teile wie ganz harte Knochen, Sehnen, Haut, Haare und Mageninhalt bleiben zum größten Teil übrig.

Ein Wolf nimmt auch gelegentlich grüne Pflanzenteile und vor allem Beeren (Heidelbeeren, Preiselbeeren, Brombeeren) zu sich.

Die richtige Hundeernährung sollte sich also an der Speisekarte eines Wolfes orientieren. Auch wenn die Viel-

falt der heutigen Rassen und Formen zu einem weiten Spektrum in der Körpermasse geführt hat (von 1 kg bis mehr als 80 kg ist bei den Hunden alles dabei).

Aufgrund dieser Vielfalt in Körpermasse, Temperament, Behaarung und Haltung weichen die Energiebedürfnisse bei den Vierbeinern relativ stark voneinander ab, sodass die Futtermenge individuell angepasst werden sollte und nicht verallgemeinert werden kann.

Ein gutes Hundefutter sollte aus den folgenden Bestandteilen bestehen:

- **Muskelfleisch**: liefert hochwertiges Eiweiß
- Geringerer Anteil von **Innereinen** im Verhältnis zu Muskelfleisch: Eiweiß- und Vitamin-/Mineralstofflieferanten
- **Aufgeschlossenes** Vollkorngetreide und/oder Gemüse: Für die Bereitstellung von Kohlenhydraten und Fasern.
- **Tierische Fette**, wie Hühnerfett und/oder Fischöl und **pflanzlichen Fetten**, wie Distel-, Leinsamen-, Mais- und/oder Rapsöl: hochwertige Fettlieferanten
- **Natürliche** Vitamine und Mineralien
- **Natürliche** Antioxidantien wie die Vitamine E und C
- **Kräuter**

Vielleicht haben Sie auch davon gehört, dass es sogar Zusatzstoffe geben soll, mit denen der Appetit der Hunde gesteigert werden kann. Das ist unglaublich und hat für unsere Vierbeiner natürlich keinen Mehrwert. Bei Tiernahrung zählt vor allem, dass diese artgerecht und ausgewogen ist.

Tierschutzorganisationen decken immer wieder fürchterliche Labor-Ernährungsversuche namhafter Futterfirmen auf. Schauen Sie genauer hin, ob die Beteiligten wirklich so hunde- und tierfreundlich sind, wie behauptet.

Bleibt bei der Betrachtung noch die Frage offen, warum ein als ideale Nahrung angepriesenes Futter noch mit Zusatzstoffen und chemischen Vitaminen aufbereitet werden muss, wenn doch alle Zutaten hochwertig vorhanden sein sollen.

Das Futter sollte folgendes **nicht** enthalten:

- Minderwertige Eiweißquellen wie etwa Tiermehl, Klauen, Federn oder Borsten
- Gluten (pflanzliche Proteine)
- Chemische Konservierungsstoffe, chemische Antioxidantien, synthetische Vitamine
- Farbstoffe
- Zucker, Karamell
- Digest
- Schwerverdauliche Kohlenhydrate wie Stärke
- Unlösliche Faserstoffe wie Zellulose, „Trockenschnitzel" und Weizenkleie

Bei der Aufzählung handelt es sich nur um eine grobe Auswahl, eine ausführliche tabellarische Übersicht finden Sie auf Seite 118.

Ein Futter mit diesen abgestimmten Inhaltsstoffen ist leider nicht einfach zu finden, aber es gibt sie. Viele kleine Futtermarken achten genau auf diese artgerechte Zusammensetzung.

Mythos Alles was in den Fachgeschäften verkauft wird, ist gut für unsere Hunde

Nein, bedauerlicherweise nicht.

Keine Sorge, Sie können auch weiterhin im Fachgeschäft beziehungsweise in der Fachabteilung Ihres Vertrauens für Ihren Hund einkaufen gehen. Nicht alles, was dort angeboten wird, ist per se schlecht für Ihren Vierbeiner. Leider gibt es aber eine ganze Menge an Dingen, an denen Sie lieber vorbeigehen sollten.

Wie bereits beim Hauptfutter (s. Seite 24) lohnt sich auch bei den dort angepriesenen **Kaustangen, Leckerlis und Co.** ein kritischer Blick auf die Zutatenliste. Bestandteile wie Schokolade, Knoblauch, Milch und sogar Eukalyptus gegen Mundgeruch sollten darin nicht vorkommen.

Des Weiteren schwappt auch der Wellnesstrend in den Bereich des Hundefutters. Zusätze, denen bei uns Zweibeinern positive Wirkungen nachgesagt wird, sind für unsere vierbeinigen Freunde schlichtweg untauglich. So gibt es Artikel mit Grünem Tee, Seealgen und Ananas, um nur ein paar der unnützen Inhaltsstoffe zu nennen.

Es wundert also nicht, dass unsere Hunde heutzutage immer mehr an Übergewicht, Diabetes und Allergien leiden – Zivilisations-Krankheiten, die oft ihren Auslöser in einer falschen Ernährung haben.

Und das sollte im Futter drin sein

Statt der im vorherigen Mythos genannten Dinge, sollten vielmehr folgende Inhaltsstoffe in artgerechter Form vorhanden sein:

Proteine: Hunde benötigen diese, um ausreichend Aminosäuren zur Gewebereparatur, für neue Zellen und viele weitere Stoffwechselvorgänge zur Verfügung zu haben. Der Bedarf an Proteinen ist dabei schwankend.

Während der **Wachstumsphase** beispielsweise sowie während der **Läufig- und Trächtigkeit** ist der Bedarf an

Proteinen höher, im Alter wiederum geringer. Bei der Gabe von Proteinen ist es aber außerdem wichtig, dass das Verhältnis der Aminosäuren im Futter stimmig ist: Nicht die Menge des Proteingehaltes ist letztlich entscheidend, sondern die **genaue Zusammensetzung**.

Bei einigen Hundekrankheiten kann ein „zu viel" an Proteinen weiter schaden, wie zum Beispiel bei Nierenleiden und Harnsteinen. Bei anderen Erkrankungen erhöht sich wiederum der Proteinbedarf, etwa bei Hunden mit Tumoren, Verbrennungen und/oder Traumata. Viele Hundefutterhersteller werben mit „proteinreichem" Futter auf Fleischbasis. Dies ist nicht generell ein Zeichen für gute Qualität – ein Proteinüberschuss zu vermeiden wäre wertvoller und eine harmonische Proteinversorgung sollte an die Bedürfnisse Ihres Hundes angepasst werden.

Kohlenhydrate: Sie sind ebenfalls von starker Bedeutung in der Hundeernährung, da sie vom Körper als Energiequelle genutzt werden. Kohlenhydrate sind als Zucker, Laktose, Stärken oder Rohfaser in verschiedenen Formen vorhanden.

Kohlenhydrate liefern dem Hund nicht nur Energie und Wärme beim Stoffwechsel. Sie werden auch zur Erzeugung wichtiger Nährstoffe wie Aminosäuren verwendet. Überschüssige Kohlenhydrate werden allerdings auch in

Körperfett umgewandelt und setzen sich auf die Hundehüfte.

Rohfasern: Hierunter werden die im Futter enthaltenen Pflanzenfasern (**Ballaststoffe**) verstanden. Also der Anteil, der im Hundekörper als „unverdaulicher" Bestandteil zurückbleibt. Der Hauptbestandteil dieser Stoffklasse ist die Cellulose. Ballaststoffe dienen der Regulation der Darmtätigkeit, denn durch die Rohfaser werden Fülle und Wasseranteil des Darminhaltes erhöht.

Fette beziehungsweise essentielle Fettsäuren: Diese werden beim Hund für die Erhaltung der Zellmembranen/Zellstrukturen, für die Herstellung diverser körpereigener Substanzen und zur Kontrolle von Wasserverlust durch den Hundekörper benötigt. Fette liefern schnell Energie und schaffen im Darm Bedingungen, die eine Aufnahme von fettlöslichen Vitaminen möglich machen.

Sind Fette im richtigen Verhältnis im Hundefutter enthalten, sorgen sie für glänzendes, schuppenfreies Fell, beschleunigen Wundheilungsprozesse und beugen Haarausfall und Hautentzündungen vor. Ein zu viel hingegen führt zu Gelenkerkrankungen und Übergewicht, was wieder andere Probleme nach sich ziehen kann. Fette sind wichtig – aber im richtigen Maße!

Es kann demnach nicht alles gut sein, was verkauft wird. Eine ausschließliche Ernährung durch minderwertiges Futter senkt die Lebensqualität eines Hundes. Eine natürliche, abwechslungsreiche und ausgewogene Ernährung ist das A und O, damit Sie Ihren Vierbeiner gesund halten und ernährungsbedingten Krankheiten vorbeugen.

Auch wenn es ein wenig verrückt klingt: Tun Sie Ihrem Hund den Gefallen und kaufen Sie nur das, was auch ein Wolf kaufen würde. Sie wollen schließlich nur das beste für Ihren vierbeinigen Freund – und nicht alles, was Sie glücklich macht, ist auf Dauer auch gut für Ihr Tier!

Mythos Gutes Hundefutter braucht zusätzliche Vitamine und Zusatzstoffe

Nein, es geht sogar sehr gut ohne. Vorausgesetzt, Sie füttern Ihren Vierbeiner artgerecht.

Wir wollen das beste für unsere Vierbeiner und daher lassen wir uns leicht verunsichern. Von der Werbung und den vielen Bedarfswerttabellen für Mann, Frau, Kind, Hund, Katze und Pferd. In freier Wildbahn wird sich aber nicht mit einer Bedarfstabelle in der Pfote auf die Jagd nach Beute gemacht. Und auch wir Menschen ernähren uns nicht jeden Tag ausgewogen und bedarfsgerecht. **Es geht also nicht darum, sich und seinen Hund täglich ausgewogen zu ernähren** – das kann und braucht niemand zu leisten. Aber über einen längeren Zeitraum gesehen, sollte das tatsächlich das Ziel sein.

Also: Bei einer abwechslungsreichen und artgerechten Ernährung benötigt kein Hund zusätzliche Vitamine oder sonstige Stoffe!

Der Hund hat außerdem nicht nur einen Bedarf an Vitaminen, sondern auch an allen essentiellen Nährstoffen, Aminosäuren, essentiellen Fettsäuren und essentiellen Spurenelementen im ausgewogenen Maße zur Herstellung beispielsweise von Hormonen, Botenstoffen und Drüsenzellen.

Zu den Spurenelementen gehören Mangan, Kupfer, Zink und Jod. Sie unterstützen den Stoffwechsel und müssen wie Vitamine über die Nahrung aufgenommen werden. Die in den Bedarfstabellen genannten Werte für Vitamine und Spurenelemente sind meist so hoch, dass es nur möglich wäre, diese über Zusatzmischungen in die Nahrung und den Hund zu bekommen. Warum sind die Werte in den Tabellen dann meist so hoch? In einigen Fällen haben diese nichts mit dem **tatsächlichen Bedarf** zu tun. Vielmehr handelt es sich um einen **errechneten Bedarf**, der zustande kommt, weil Stoffe im Futter sind, die sich im Mengenverhältnis gegenseitig beeinflussen: Beispielsweise erhöht eine hohe Menge von Kupfer den

Zinkbedarf, weil ein zu hoher Kupferanteil wiederum die Zinkaufnahme blockiert.

Normalerweise sind unsere Hunde und wir in der Lage, Vitamine und Spurenelemente alleine über eine ausgewogene Ernährung aufzunehmen und zu verarbeiten.

Vitamine und Spurenelemente, die künstlich hergestellt und zugesetzt werden, haben jegliche Natürlichkeit verloren – selbst wenn diese scheinbar einen natürlichen Ursprung haben. So würden wir zum Beispiel nicht auf die Idee kommen, Cortison als natürlichen Stoff zu bezeichnen, nur weil er als Cortisol im Körper vorkommt. Das hat auch Auswirkungen auf die Wirksamkeit von Vitaminen und Spurenelementen in der Nahrung: Man weiß heute, dass diese Stoffe nur dann im Körper ihre volle Wirkung entfalten können, wenn sie nicht isoliert, sondern im „Gesamtpaket" des ursprünglichen Nahrungsmittels aufgenommen werden. Das gilt im Übrigen nicht nur für künstlich hergestellte, sondern auch für natürliche Zusatzstoffe.

Hinzu kommt, dass viele Vitamine wie Vitamin A (Vorstufe: Beta-Carotin), Vitamin E und Vitamin P (Bioflavonoide/Flavonoide) aus vielen verschiedenen Komponenten bestehen, von denen meist nur eins überhaupt künstlich herstellbar ist.

So klingt beispielsweise der Vermerk auf der Futterverpackung „mit natürlichem Vitamin E als Antioxidans" auf den ersten Blick gut, aber als isolierter Stoff kann das Vitamin nicht verwertet werden. Einen Überblick über die Einsatzbereiche synthetischer und natürlicher Vitamine gibt Ihnen die Tabelle auf Seite 123.

Wenn Zusatzstoffe – jeglicher Art – über das Futter verabreicht werden, dann wird immer in den natürlichen Ablauf und Organismus des Hundes eingegriffen. Die eigene Produktion kann damit gestört und sogar stark reduziert werden. Künstliche Zusatzstoffe greifen sogar Organe wie die Niere und Leber an und können Allergien auslösen.

Eine weitere Gefahr birgt die einseitige Beimischung vieler Spurenelemente und den Einsatz chemisch hergestellter Vitamine sowie einseitigem Futter: Dies kann die Fähigkeit des Darms, die essentiellen Stoffe in die Blutbahn aufzunehmen, beeinträchtigen. So können trotz gutgemeinter übermäßiger Versorgung Mangelerscheinungen auftreten.

Schädlich sind neben den Zusatz- und Konservierungsstoffen unter anderem:

- Alle **Zwiebelgewächse**.
- **Knoblauch**, auch wenn dieser nicht direkt zu den Zwiebelgewächsen gehört, s. auch Seite 101.
- Propylenglycol: Ein **Konservierungs- und Süßstoff**. In Europa besser bekannt als **Frostschutzmittel**. Es versteht sich von selbst, dass dieser extrem gesundheitsgefährdend ist.
- **Zucker/Karamell**: Im Tierfutter **nicht nötig**! Er wird jedoch einigen Futtersorten und Leckerlis zugefügt, um den Geschmack zu verbessern und die Konsistenz weicher zu machen. Eine ständige Zuckerzufuhr kann – neben Karies und anderen körperlichen Problemen – auch die Bauchspeicheldrüse belasten und die Analdrüsen verstopfen.

Die Angabe „Zusatzstoffe" wird meistens versteckt dargestellt. Wenn Sie also sicher gehen wollen, dass auch wirklich keine Zusatzstoffe in der Nahrung enthalten sind, dann muss dies auch in Form von „keine Zusatzstoffe" sichtbar sein!

Mythos Erstklassiges Hundefutter ist grundsätzlich sehr teuer

Nein, liebevoll und artgerecht hergestelltes Futter gibt es auch für das kleine Portemonnaie. Und: Ein relativ teures Futter kann sogar schädlicher, im Sinne von krankheitsfördernder, sein als ein relativ günstiges Produkt.

Im Fachhandel ist hochwertiges deutsches Futter erhältlich, das geprüfte Lebensmittelqualität besitzt und einen Fleischanteil von 100 % etwa beim **Nassfutter** besitzt. Dieses Futter ist nicht teurer als die durch die Werbung bekannteren Marken.

Auch **Trockenfutter** von qualitativ hoher Auswahl gibt es bereits für geringes Geld, sogar kaltgepresstes und nicht „toterhitztes".

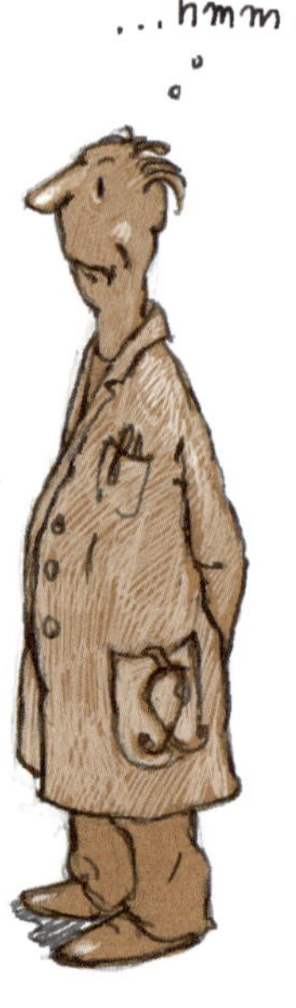

Das können Sie mit ruhigem Gewissen verfüttern. Allerdings müssen Sie vielleicht nach solch einem guten Futter länger suchen, da es möglicherweise im Regal nicht gerade in vorderster Front steht oder auch nicht in jedem Hundezubehörladen zu bekommen ist.

Es kann sich für Sie und Ihren Vierbeiner auszahlen, wenn Sie sich im Futtergeschäft einmal auf die Suche nach unbekannteren Marken machen. Auch ein Besuch im neutralen, kleinen Fachgeschäft lohnt sich sicher. Ein Preisvergleich ist auf jeden Fall angebracht! Häufig ist ein hochwertiges No-name-Produkt hochgerechnet nur wenige Cents teurer als ein bekanntes, minderwertiges Futter. Unter Umständen sparen Sie diese minimale Differenz bei den Tierarztkosten wieder ein, da durch eine Überversorgung mit künstlichen Vitaminen und sonstigen Zusatzstoffen die Organe stark beansprucht und belastet werden sowie Allergiesymptome, wie starker Mundgeruch, Haarausfall, Juckreiz und entzündete Haut, hervorgerufen werden können.

Und auch das **Barfen** ist nicht so teuer wie man vielleicht denken mag, weil meist eine geringere Menge gefüttert werden muss, um den Bedarf abzudecken. Bei der Herstellung von industriellem Nass- und Trockenfutter gehen zudem viele Vitamine und Mineralstoffe durch Erhitzung verloren, die im frischen Fleisch gut verwertbar vorhanden sind, sodass auch hier teure und künstliche Zusatzstoffe gar nicht zugemischt werden müssen. Und wir haben dafür die Gewissheit, dass wir unserem Vierbei-

BARF steht für „Bones And Raw Food" (Knochen und rohes Futter), aber auch für „Biologically Appropriate Raw Foods" (Biologisch Angemessenes Rohes Futter).

ner ein Futter mit hochwertigen Rohstoffen, ohne tierische und pflanzliche Nebenprodukte, ohne Zusatzmittel und mit ausreichenden Vitaminen zur Verfügung stellen. Wir wissen hier, was wirklich drin ist im Futter.

Was bedeutet eigentlich „Premium"?

In erster Linie heißt es erst einmal nur, dass es sich um ein hochpreisiges Produkt handelt. Es sagt nicht gleichzeitig schon etwas über die Qualität und die Beschaffenheit des Futters aus. „Premium" ist also kein klar gesetzlich definierter Begriff und kein Garant für Erstklassigkeit. Natürlich kann ein Premiumfutter auch wirklich ein hochwertiges Futter sein, muss aber nicht.

Häufig werden Unterschiede in der Qualität des Futters gemacht:

- für Züchter (angemessene Zusammensetzung) und
- für „normale" Endverbraucher (minderwertigere Zusammensetzung). Dies ist meist bei Firmen der Fall, die verschiedene Marken anbieten.

Das Futter, das Sie also vom Züchter empfohlen bekommen, muss nicht unweigerlich weitergefüttert werden. Sie können auch Ausschau nach einem anderen hochwertigerem Futter (einer anderen Marke) halten und langsam mit der Umstellung beginnen.

Wie gut ein Futter ist, kann man an den Fütterungsempfehlungen erkennen: Von minderwertigerem Futter muss einem normal aktiven, 20 kg schweren Hund häufig 400 g pro Tag gefüttert werden, bei hochwertigerem reicht etwa die Hälfte. Zudem entstehen geringere Kotmengen und der gesamte Stoffwechsel wird nicht so belastet.

Gutes Futter sollte in erster Linie über die **Verdaulichkeit** definiert werden. Wenn Sie auf die **Ausscheidungen** Ihres Hundes achten, wird das schon viel über die Verdaulichkeit des Futters sagen: Je größer das Ausscheidungsvolumen im Verhältnis zur gefressenen Menge ist, desto minderwertiger ist das Futter. Auch auf der Packung können Sie etwas über die Verdaulichkeit erfahren: Je größer die **empfohlene Tagesration**, desto schlechter ist die Futterqualität. Zudem lassen die verwendeten Rohstoffe und deren Verarbeitung einen Rückschluss über die Verdaulichkeit zu. Zu den in der Regel besonders verdaulichen Kohlenhydratquellen zählen Reis, Weizen, Hafer, Gerste, Möhren, Leinsamen, Melasse, Erbsen und Kartoffeln. Proteine, die schonend verarbeitet werden (nicht zu hoch erhitzt), sind besser für den Stoffwechsel.

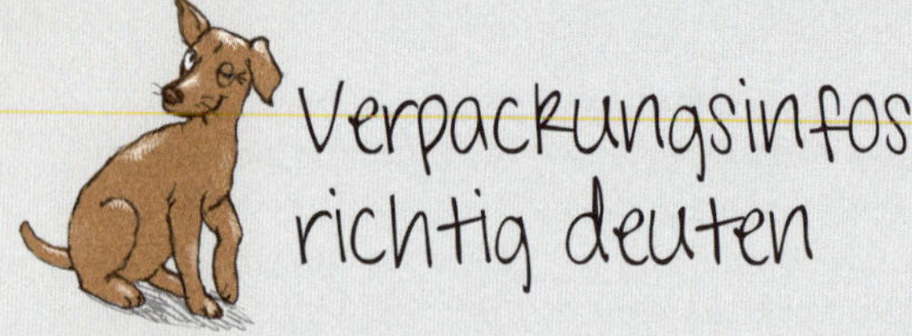

Verpackungsinfos richtig deuten

Welche Informationen der Futtermittelhersteller auf den Dosen oder Trockenfuttersäcken angeben muss, ist in der Futtermittelverordnung EU-weit festgelegt. Auf diesen sogenannten Allein- bzw. Mischfuttermitteln, sind unter anderem zu nennen:

- Inhaltsstoffe (analytische Bestandteile, in %)
- Feuchtegehalt (nur Pflicht, wenn über 14 %)
- Zusammensetzung (Liste der Inhaltsstoffe, geordnet nach Gewicht)
- Kennzeichnungspflichtige Zusatzstoffe

Die auf der Verpackung angegebenen Futterbestandteile klingen in der Regel schlüssig und gut. Leider können Sie daraus nicht auf die Futterqualität schließen – aus folgenden Gründen:

Inhaltsstoffe

Unter diesem Punkt müssen die prozentualen Anteile an Rohnährstoffen angegeben werden: Rohasche (Mineralstoffe), Rohfaser (Ballaststoffe), Rohfett (Rohöl, Fettgehalt) und Rohprotein.

Ich beschränke mich hier auf die Erklärung der bedeutsamen Futterkomponente Rohprotein/Eiweiß. Eine ausführliche Erläuterung der weiteren möglichen Komponenten finden Sie in der Tabelle auf Seite 118.

Die Hersteller von Tierfutter geben die im Futter enthaltenen Eiweißmengen nur allgemein als **Rohprotein** an. Rohprotein ist die Gesamtmenge an Eiweiß, das über den Stickstoffgehalt bestimmt wird. Aufgrund der Analysemethode lässt sich nicht herauslesen, wie wertvoll das enthaltene Eiweiß ist bzw., ob es einen tierischen oder pflanzlichen Ursprung hat. So ist zum Beispiel in Federn („hydrolized Protein") sehr viel Eiweiß enthalten, was der Körper schwer bis gar nicht verwerten kann.

Eiweiß ist aber ein wichtiger Inhaltsstoff für Hunde. Gute tierische Eiweißquellen, die der

Körper gut verwerten kann, sind Muskelfleisch (auch Herz), Eier, und Leber. Pflanzliche Proteine bieten unter anderem Weizen, Hafer, Mais und Soja.

Zusammensetzung

Die Auflistung der verwendeten Inhaltsstoffe kann entweder nach dem Prinzip der geschlossenen oder dem der offenen Deklaration erfolgen. Bei der geschlossenen werden die Futterbestandteile zu Zutatengruppen (etwa Fleisch und tierische Nebenerzeugnisse, Getreide) zusammengefasst – die genaue Zusammensetzung ist nicht erkennbar. Bei der offenen Deklaration hingegen werden die Futterkomponenten einzeln aufgeführt.

Beide Methoden haben gemein, dass die Futterbestandteile in absteigender Reihenfolge ihrer Gewichtsanteile aufgeführt werden. Zusätzlich können die Gewichtsanteile prozentual angegeben werden.

Das heißt, dass der erste genannte Bestandteil mengenmäßig am häufigsten im Futter vorkommt. Ist das aber tatsächlich der Fall? Hier lohnt sich ein genaueres Hinschauen.

Dazu zwei fiktive **Beispiele**:

1. Ein Hundefutter gibt folgende Inhaltsstoffe an: Geflügelfleisch (12 %), Gerste, Mais, Weizenmehl, Weizen, Öle und Fette, Weizengrieß, Fleischmehl.

Ausreichend angezeigt ist in diesem Beispiel nur das Geflügelfleischmehl mit 12 %, die restlichen Bestandteile machen mit 88 % jedoch den größten Teil des Futters aus. Weizenmehl, Weizengrieß und Weizen wurden einzeln deklariert. Zum anderen fällt bei genauerer Betrachtung auf, dass Getreide hier einen großen Teil einnimmt, wenn man Gerste, Mais und Weizen zusammenzählt.

2. Ein weiteres Hundefutter benennt unter anderem folgende Inhaltsstoffe: Geflügelfleischmehl (15 %), Maismehl, Reismehl (14,5 %), Kartoffelflocken, Grieben, Geflügelfett, Rinderfett, Lammfleischmehl (2,5 %), Fischmehl, Leberhydrolisat, Rübenmelasseschnitzel, Trockenvollei.

Geflügelfleischmehl ist mit 15 % der größte Futterbestandteil, allerdings ist das an dritter Stelle genannte Reismehl auch schon mit 14,5 % angegeben. Demzufolge muss der Maismehlanteil, welches an zweiter Stelle steht, auch irgendwo zwi-

Hunde zählen zu den Beutetierfressern. Eiweiß sollte also hauptsächlich tierischen Ursprungs sein, da in den Beutetieren pflanzliche Anteile nur im Magen und Darm vorkommen.

schen 14,5 % und 15 % liegen. Da braucht man gar nicht groß zusammenzählen, um zu sehen, dass Getreide in diesem Fall auch wieder den größten Anteil einnimmt.

Die Beispiele machen deutlich, dass auf den ersten Blick die Futterdeklarationen meist gar nicht schlecht erscheinen. Auf den zweiten Blick aber vielleicht schon, denn für die Futterbeurteilung ist noch folgender Punkt enorm wichtig: Wie oben beschrieben, ist es gesetzlich erlaubt, verschiedene Arten desselben Inhaltsstoffes getrennt aufzuführen (offene Deklaration). So handelt es sich bei vielen Futtern letztendlich **nicht** mehr um ein artgerechtes Futter für Hunde.

Bei der Auflistung sollte auf jeden Fall die **Art des Fleisches** angegeben werden. Wird nur „Fleisch" auf dem Etikett benannt, deutet das auf gemischte Fleischsorten unbestimmten Ursprungs hin, oftmals ist sogar viel Schwein enthalten, das keine wertvolle Nahrung darstellt. Der Sammelbegriff **„Fleisch und tierische Nebenerzeugnisse"** ist eine Umschreibung für minderwertige Schlachtabfälle.

Eine **gute Futterzusammensetzung** wäre etwa Huhn, Truthahn, Lamm an erster Stelle aufgelistet mit Vollkornreis, ergänzt mit Hühnerfett und Sonnenblumenöl. Je besser die Auswahl hochwertiger Zutaten verschiedenen Ursprungs, desto höher ist die natürliche Verwertbarkeit des Futters.

Freilebende Beutetiere und gut gehaltene Schlachttiere bekommen frisches Gras zu fressen, haben Sonne und frische Luft und daher keinen Mangel an wichtigen Omega-3-Fettsäuren wie die in Gefangenschaft lebenden und mangelhaft ernährten Schlachttiere.

Ist unser Essen auch gut für Hunde?

Unsere Vierbeiner haben vom jagenden Wolf zum kuschelnden Haushund eine rasante Entwicklung hingelegt. Hat sich ihr Verdauungstrakt dann so angepasst, dass sie auch unser Essen problemlos vertragen?

Mythos Auch mit der Fütterung von Speiseresten kann der Hund alt werden

Nein, er wird dabei vor allem an Überfettung und Mangelerscheinungen leiden.

Hunde können viele Ernährungsbestandteile, die für uns Zweibeiner einen positiven Nutzen haben, entweder nicht verwerten oder vertragen sie schlichtweg nicht. Es entbehrt nicht einer gewissen Logik, dass Bestandteile, die selbst für viele von uns Menschen nicht verträglich sind, wie starke Gewürze, Fette, Geschmacksverstärker und Zucker, im Futter unserer Vierbeiner nichts zu suchen haben.

Der Grund leuchtet ein: Der Verdauungstrakt zwischen Mensch und Hund ähnelt sich zwar in vielen Dingen, in einigen Punkten sind aber gravierende Unterschiede vorhanden (s. auch Seite 46):

- **Speichelproduktion** und vor allem dessen Zusammensetzung: Der Speichel unseres Vierbeiners dient vor allem zur „Beförderung“ des Fressens in den Magen. Während bei uns Zweibeinern (wir zählen zu den sogenannten Allesfressern) durch das Einspeicheln der Nahrung diese bereits teilweise aufgespalten wird, schließlich sind pflanzlichen Bestandteile schwerer aufzuschließen als die fleischige Nahrung unserer Hunde.

- Art der **Nahrungszerkleinerung** (Schlingfresser): Während wir Menschen unsere Nahrung sorgfältig kauen, schluckt der Hund sein Futter nahezu in Originalgröße herunter. Das zeigt, dass sein Fressverhalten nicht auf die für uns so leckeren Antipasti-Stücke, sondern auf Beutetiere ausgerichtet ist. Zudem ist sein Geschmackssinn nicht so stark ausgeprägt wie unserer, sodass Sie ihm mit kleinen Leckereien tatsächlich noch nicht einmal eine „geschmackliche" Freude bereiten.

- **Magensäure**: Bei nicht artgerechter Ernährung übersäuert ein Hund recht schnell. Denn alles, was nicht tierischen Ursprungs ist, wird meist durch den Pankreassaft (Bauchspeicheldrüse) verdaut. Wenn das Tier in einem solchen Fall durch den „Schlüsselreiz" Futter aber mit der Produktion der „aggressiven" Magensäure beginnt, kann das zu Magenproblemen und sogar zu einer Gastritis führen. Auf der anderen Seite ist es möglich, dass sich bei nicht artgerechter Fütterung die Magensäureproduktion stark minimiert, sodass sich im Hundemagen Bakterien und Keime niederlassen können.
- **Darmlänge** und die dort vorhandenen Enzyme: Die Gesamtlänge des Hundedarmes ist deutlich kürzer als die unseres Darmes. Aus diesem Grund hat ein Vierbeiner Probleme bei der Verdauung von pflanzlicher Rohkost. Zudem unterscheidet sich die Verstoffwechselung im Darm deutlich. So können wir Zweibeiner beispielsweise Salze besser aufnehmen und verarbeiten. Beim Hund kann es zu Schäden an den Nieren führen.
- Auch wenn sich im Laufe der Domestikation und Evolution der Hund immer mehr an das Leben mit dem Menschen angepasst hat, der Verdauungsapparat von Hund und Wolf ähneln sich immer noch zu 99 %. Erinnern Sie sich an den Vorschlag, sich beim Einkauf oder der Fütterung Ihres Vierbeiners vorzustellen, der Wolf geht selbst durch einen Supermarkt und kauft für seinen Speiseplan ein? Meinen Sie, er packt sich Nudeln in den Einkaufswagen ...?

In Zahlen ausgedrückt, s. Tabelle (Seite 46), wird der Unterschied noch klarer und macht deutlich, warum unsere Vierbeiner nicht mit Speiseresten gefüttert werden sollten.

Rund um die Verdauung von Mensch und Hund

	Mensch	Hund*
Gewicht des Verdauungstraktes im Verhältnis zum Gesamtkörpergewicht	11 %	3 % bei sehr großen Rassen und 7 % bei sehr kleinen Hunden
Speichelmenge	600 ml bis 1500 ml pro Tag	150 ml am Tag
Dauer der Mahlzeit	30 bis 60 Minuten	1 bis 3 Minuten
Anzahl Geschmacksknospen	9000	1700
Fassungsvermögen des Magens	1,3 l	0,5 bis 8 l
pH-Wert im Magen	3 bis 5 (schwach sauer)	1 bis 2 (sehr sauer)
Länge des Dünndarms	6 bis 6,5 m	1,7 bis 6 m
Länge des Dickdarms	1,5 m	0,3 bis 1 m
Dauer des vollständigen Verdauungsprozesses	30 Stunden bis 5 Tage	12 bis 30 Stunden
Bedarf an Kohlenhydraten im Erwachsenenalter	Mittel bis hoch	Gering
Eiweißbedarf im Erwachsenenalter	Gering	Mittel
Fettbedarf im Erwachsenenalter	Mittel	Gering bis hoch, je nach Rasse und Bedarf

* Die großen Abweichungen der Angaben sind gegeben durch die große Rassenvielfalt und auch durch die Größenunterschiede unserer Hunde.

Haben Sie Ihrem Hund schon mal ein Stückchen Schokolade oder eine Rosine zugesteckt?

Nein? Das ist gut, denn beide gehören zu den Lebensmitteln, die von unseren Vierbeinern nicht nur einfach nicht verwertet werden können, sondern deren Verzehr sogar ernsthafte Konsequenzen für ihre Gesundheit haben kann.

Hier sehen Sie auf einen Blick, auf welche Lebensmittel Sie ein Auge haben und welche Sie absolut vermeiden sollten:

Im rohen Zustand unverträglich

- Avocado
- Obstkerne
- Kartoffeln
- Unreife Tomaten (Tomaten dürfen roh nur überreif und in geringen Mengen an Hunde verfüttert werden; der grüne unreife Teil enthält für sie zu viel vom giftigen Solanin)

In größeren Mengen unverträglich

- Zucker
- Salziges oder scharf Gewürztes

Ganz und gar unverträglich

- Weintrauben und Rosinen, s. Seite 55
- Kakao, Schokolade und andere kakaohaltige Lebensmittel, s. Seite 53
- Kaffee
- Zwiebeln, s. Seite 101
- Knoblauch, s. Seite 101
- Nikotin
- Rohes Schweinefleisch und Knochen vom Schwein, s. Seite 83
- Süßstoff Xylit
- Alkohol

Mythos Rohe Karotten sind gut für die schlanke Linie des Hundes

Ja, aber mehr tatsächlich auch nicht.

Die Gründe hierfür sind im Grunde ganz einfach: Rohe Karotten können unseren Vierbeiner nicht als Ballaststoff dienen, weil sie einen viel **zu kurzen Darm** haben, um **Rohkost aufschließen** zu können. In der Natur würde ein Wildhund oder ein Wolf sie in dieser Form nicht fressen, sondern nur bereits vorverdaut aus dem Mageninhalt seiner Beutetiere.

Auch kann das in Karotten enthaltene fettlösliche Vitamin A nur in Verbindung mit Öl rausgelöst werden – genau wie bei uns Zweibeinern.

Der Hundedarm verwertet Karotten somit nur **gekocht oder gedünstet, geraspelt und in Verbindung mit Öl**. So zubereitet sind Karotten reich an Ballaststoffen, Mineralstoffen (besonders Selen) und fettlöslichem Beta-Carotin, der Vorstufe von Vitamin A. Sie enthalten außerdem Folsäure, Magnesium, Kalzium, Phosphor und Pektin.

Schädlich sind die Karotten roh aber auch nicht, es sei denn, Ihr Hund reagiert allergisch drauf, was sich meist als Durchfall bemerkbar macht. Sie sind gute Magenfüller, was einen besonderen Reiz haben kann, wenn Ihr Tier übergewichtig ist und abnehmen soll. Gegen einen seltenen Knabberspaß ist daher sicher nichts einzuwenden.

Trotzdem sollte sich die Fütterung von rohen Karotten im Rahmen halten, da Karotten bis zu 6 % Zucker enthalten können und dieser wiederum sehr gut vom Körper aufgenommen wird.

Übrigens: Es hält sich sogar hartnäckig das Gerücht, dass **Karotten gut gegen Würmer** sein sollen, das stimmt jedoch definitiv nicht.

Und wie ist das mit anderen Gemüse- und Obstsorten?

Im Allgemeinen gilt, dass Gemüse und Obst für Hunde gekocht oder gedünstet werden muss, damit dieses von ihnen überhaupt verwertet werden kann.

Kartoffeln, Tomaten und Auberginen müssen sogar unbedingt gekocht werden und **dürfen niemals roh gefüttert** werden, weil diese zu den Nachtschattengewächsen gehören und Solanin enthalten. Dieser für Hunde giftige Stoff führt bei ihnen zu Durchfall und Erbrechen. Der Solaningehalt ist unter der Schale am höchsten, gekochte Kartoffeln auf jeden Fall nur geschält verfüttern.

Sämtliche Hülsenfrüchte wie Erbsen und Bohnen sollten gar nicht auf dem Speiseplan Ihres Hundes stehen! Roh verfüttert sind sie ebenfalls giftig. Im gekochten Zustand verursachen sie unter anderem Blähungen und Magendrehungen.

Trotzdem kann es natürlich passieren, dass ein Hund auch auf „ungefährliches" Obst und Gemüse mit Blähungen oder Ähnliches reagiert. Jedes Tier ist anders und sollte genau beobachtet werden, damit die entsprechende Zutat vom Speiseplan entfernt werden kann.

Für Hunde ungefährliche Obst- und Gemüsesorten sind unter anderem Gurke, Kürbis, Pastinake, Fenchel, Zucchini, Mangold, Brokkoli, Apfel, Birne, Banane und Erdbeeren. Alles in Maßen und „vorverdaut": gekocht oder gedünstet.

Mythos Lammfleisch macht rotes Fell

Nein, das stimmt nicht!

Fellverfärbungen können vielmehr durch verschiedene innere und äußere Faktoren innerhalb der Haarwachstumsphase entstehen oder auch eine ganz natürliche Ursache haben.

Natürliche Ursache

Das Haar wächst innerhalb von sechs bis acht Wochen heran, nach einer darauffolgenden Ruhepause (diese kann Wochen bis Monate dauern) fällt es dann wieder aus. Kurz vor dem Ausfallen bekommen schwarze Haare im Bereich der Spitzen eine rotbräunliche Färbung. Der untere Teil des Haares bleibt dabei schwarz. Stößt das Tier, je nach Jahreszeit, die Haare längere Zeit nicht ab, kann es vorkommen, dass sich der gesamte Haarschaft rotbräunlich verfärbt. Wechselt der Hund nun sein Fell, so kommt die ursprüngliche Farbe wieder zum Vorschein. Da nicht alle Haare gleichzeitig wachsen, sondern sich viele auch in der Ruhephase befinden, gibt es neben den verfärbten auch ganz „normale" Haare. Bis es zu einer kompletten Farbveränderung des gesamten Fells kommt, vergehen Wochen bis Monate. Das gleiche gilt für die vollständige Entfärbung der Haare.

Innere und äußere Faktoren

Untersuchungen haben ergeben, dass „rotwerdendes Fell" bei Hunden innerhalb aller Fellfarben und -arten auftritt und dies ebenso unterschiedliche Ursachen hat. **Innere oder äußere Umstände** können hier eine Rolle spielen. Fellverfärbungen infolge verschiedener Futtermittel werden fälschlicherweise immer wieder als Hauptgrund vermutet, sind jedoch bei Fütterung eines qualitativ guten Futtermittels eher zweitrangig und unwahrscheinlich.

Wichtig ist hier die Feststellung, dass tierische Proteine (aus Proteinquellen von Lamm, Fisch, Geflügel etc.) keinen Einfluss auf die Farbe des Fells haben!

Verfärbungen durch äußere Faktoren unterscheiden sich deutlich von den Verfärbungen, die durch innere Umstände hervorgerufen werden.

Eine von **außen** bedingte Fellverfärbung zeigt sich durch eine sofortige Farbveränderung. Liegt die Ursache **innen** (systemisch bedingt), wird der entsprechende Stoff bereits im Haarfollikel eingelagert.

Geschieht dies während der gesamten mehrwöchigen Wachstumsphase, verfärbt sich das Haar entsprechend von den Haarwurzeln bis zur Haarspitze – also komplett. Bei kurzer Aufnahme des verursachenden Inhaltsstoffes zeigt sich die Veränderung nur im Bereich des Haarschaftes.

Fellverfärbungen können also viele Gründe haben: harmlose, wie ernstere Ursachen beziehungsweise Krank-

Übersicht unterschiedlicher Ursachen

Innere Faktoren	Äußere Faktoren
Medikamenteninhaltstoffe	Fellpflegemittel wie Shampoos und Antiparasitika
Futtermittel	Sonnenlicht
Alterungsprozess	Belecken (bevorzugt an den Pfoten, „Schenkelsaugen“, Wunden), durch körpereigene Farbstoffe im Speichel
Ernährungsbedingter Kupfermangel (tritt dann auf mit Hautschädigungen, stumpfem Fell und Anämie). Achtung: zu viel Zink verhindert die Kupferaufnahme.	Tränenflüssigkeit
Biotinmangel (eher selten)	

heiten. Bei Unsicherheiten sollten Sie zu diesem Thema Ihren Tierarzt/Tierheilpraktiker zu Rate ziehen.

Lammfleisch wurde übrigens früher gerne als Zutat bei Hunden mit Verdacht auf Futtermittelallergien verwendet. Da Lamm vermehrt gefüttert wird und heute in den meisten Futtern vorhanden ist, ist es für eine sogenannte Eliminationsdiät (s. Seite 63) nicht mehr geeignet. Dafür lassen sich zum Beispiel Pferde- oder Straußenfleisch einsetzen.

Es gibt zwei entscheidende Haarpigmente, das gelbrote Phäomelanin und das schwarzbraune Melanin. Durch genetisch bestimmte Verteilung und Verdünnung im Haar entsteht die Farbenvielfalt der unterschiedlichen Rassen und sogar innerhalb der Rassen.

Mythos Schokolade macht nicht nur Menschen glücklich, sondern auch Hunde

Ein deutliches Nein!

Auch wenn es schwerfällt, dem allzu treuherzigen Hunde-Bettelblick zu widerstehen: Schokolade tut in keinster Weise gut – es ist ohne Wenn und Aber **Gift für Hunde** und sollte weder auf dem Leckerlispeiseplan stehen noch frei zum Entwenden herumstehen oder -liegen! Da sollten Sie auch nicht ab und zu mal ein Auge zudrücken!

Der Stoff, der die Schokolade für unsere Hunde so gefährlich macht, ist das im Kakaopulver enthaltene Theobromin. Hierbei handelt es sich um eine organische chemische Verbindung, ähnlich dem Koffein. Sie kann bei unseren Vierbeinern zu **Übelkeit, Erbrechen, Zittern, Unruhe, Krämpfen, Durchfall und Fieber** führen. Der Tod tritt meist durch Herzversagen auf.

Zwar bleibt Schokolade für den Hund ein No-Go, ganz unabhängig, ob weiße, Vollmilch oder Bitterschokolade, aber je nach Sorte ist der **giftige Anteil von Theobromin** verschieden stark ausgeprägt:

> Weiße Schokolade: 0,0009 mg/g = 0,00009 g (0,09 **mg**) pro 100 g
> Bitterschokolade: etwa 16 mg/g = 1,6 g (1600 **mg**) pro 100 g
> Kakaopulver: 26 mg/g = 2,6 g (2600 **mg**) pro 100 g

Je größer der Kakaoanteil in der Schokolade, desto gefährlicher ist demnach der Verzehr. Schon eine Theobromin-Dosis von 90 bis 250 **mg**/kg Körpergewicht kann bereits den Tod zur Folge haben.

Dann kommt es noch auf die **aufgenommene Schokoladenmenge** an. Aufgrund des langsamen Abbaus von Theobromin und der damit einhergehenden Anreicherung im Blut können auch kleinere Mengen, gefüttert in größeren Abständen, zu den genannten Symptomen führen.

Die folgenden Zahlen machen das noch deutlicher: Bereits 60 g Milchschokolade und 8 g Blockschokolade (je nach Kakaogehalt) pro kg Körpergewicht können Ihren Hund vergiften. Die tödliche Dosis für einen Vierbeiner mit einem Körpergewicht von bis zu 6 kg beträgt eine Tafel Bitterschokolade (100 g), hat dieser eine schlechtere Konstitution reicht bereits eine geringere Menge! Zwei Stückchen Zartbitterschokolade sind für einen Chihuahua unter Umständen bereits tödlich, ein mittelgroßer Hund kann bereits nach dem Verzehr von etwa 150 g Zartbitterschokolade sterben.

Man spricht bei einem Verzehr von 300 mg von der sogenannten 50 % Letaldosis, das bedeutet, dass bereits die Hälfte aller Hunde stirbt, wenn diese Menge an Schokolade gefressen wurde.

Kleinere Hunde, Welpen und Junghunde sind besonders gefährdet, weil sie nicht so viel Körpergewicht und Körpermasse entgegenzusetzen haben.

Theobromin ist für uns Menschen nicht gefährlich, da wir Enzyme besitzen, die diesen Stoff relativ schnell (6 bis 8 Stunden) wieder abbauen. Dem Hund fehlen diese! Dementsprechend lange braucht sein Körper für den Abbau (etwa 17 Stunden).

Mythos Weintrauben, ein schöner Spiel- und Kauspaß für Hunde

Nein, Weintrauben können für Ihren Hund giftig sein!

Weintrauben schmecken süßlich und zudem kullern sie auch noch so lustig. Gerade Welpen spielen gern mit ihnen, bevor sie sie auffressen. Leider wissen unsere Vierbeiner nicht, dass dies aber **in keinster Weise** gut und lustig ist, sondern unter Umständen **lebensgefährlich** – schlimmstenfalls droht Nierenversagen. Fest steht allerdings, dass nicht jeder Hund gleichermaßen auf die Fütterung mit Weintrauben reagiert. Sicherlich spielt hier die Konstitution des Tieres eine große Rolle. Experimentieren sollte man mit Weintrauben aber auf keinen Fall.

Dabei spielt es auch keine Rolle, ob es sich um die frische Frucht, um Rosinen oder um Trester (Abfallprodukt der Weinproduktion, wird als Dünger verwendet) handelt.

Das Wissen um diesen Zusammenhang ist noch relativ jung. Anfang dieses Jahrtausends haben Forscher aus den USA und Großbritannien festgestellt, dass auffällig viele Hunde nach dem Verzehr von Weintrauben schwere **Vergiftungssymptome** wie Magenkrämpfe, Erbrechen und Durchfall zeigten. In einigen Fällen trat sogar Nierenversagen auf. Und das geschah auch bei den Sorten, die weder mit Spritzmitteln noch anderen chemischen Mitteln oder Schwermetallen übermäßig belastet waren, was früher als Ursache vermutet wurde. Übrigens: Man vermutet, dass **Rosinen** sogar noch gefährlicher für Hunde sind, da diese den giftigen Stoff noch konzentrierter enthalten.

Bei dem Forschungsprojekt in den USA mit zehn Hunden, ähnelten sich die **Symptome**:

- Einige Stunden nach dem Verzehr von Weintrauben erbrachen sich die Tiere und wurden appetitlos.
- Durchfall und Bauchschmerzen stellten sich bei einigen ein.
- Nach 24 Stunden zeigten die am schwersten betroffenen Tiere die Symptome eines Nierenversagens. Sie

wurden sehr ruhig bis lethargisch und konnten kein oder nur noch wenig Urin absetzen.

Bei Blutuntersuchungen stellten die behandelnden Tierärzte neben dramatisch erhöhten Nierenwerten auch eine Hyperkalzämie (zu viel Kalzium im Blut) fest. Von den zehn amerikanischen Hunden überlebten nur fünf Tiere, also **nur 50 %!**

Die Dosis, die die Weintrauben zum Gift für den Hund macht, ist noch nicht eindeutig bekannt. Amerikanische Forscher schätzen, dass etwa 11,6 g Trauben pro Kilogramm Körpergewicht des Tieres zu schweren Vergiftungen führen (bei einem 15 kg schweren Hund wären das bereits rund 174 g Weintrauben). Auf den ersten Blick ist dies natürlich eine ganze Menge, dennoch zeigt es, dass Weintrauben mal und in Ausnahmen verfüttert werden können, aber nicht zum gemeinsamen Knabberspaß oder freizugänglich. Leichtere Vergiftungserscheinungen können schon bei geringeren Verzehrmengen auftreten.

Ihr Hund sollte Weintrauben und/oder Rosinen also gar nicht erst probieren – er wird sie auf seinem Speiseplan ganz sicher nicht vermissen.

In den meisten Fällen zeigen sich die ersten Symptome einer Weintraubenvergiftung wie Erbrechen, Fressunlust und Durchfall recht rasch! Bei Verdacht sollten Sie mit Ihrem Hund schnellstmöglich zu einem Tierarzt gehen.

Mythos Käse verringert den Geruchssinn des Hundes und macht blind

Nein, das stimmt nicht.

Wenn dies zuträfe, dann müssten bereits viele Hunde am Verlust ihres Geruchssinns leiden oder gar mit dem Verlust ihres Augenlichts zurecht kommen. Denn viele Hundebesitzer benutzen Käse als besonderes Leckerli erfolgreich im Training und Spaziergang. Probieren Sie es doch auch mal aus!

Trotzdem: Käse ist, wie auch andere menschliche Nahrung, für den Hund grundsätzlich nicht gut. Wölfe würden sich in der Natur sicher primär keinen Käsewürfel suchen. Aber gegen Käseleckerlis ab und zu ist nichts einzuwenden, wenn es wirklich beim „ab und zu" bleibt. Einzige Probleme, die durch den Verzehr von Käse auftreten können, sind Bauchschmerzen, Blähungen, Aufstoßen und Durchfall. Der Grund hierfür ist, dass unsere Vierbeiner die in Kuhmilch enthaltene Laktose nicht aufspalten können. Empfindliche Hunde sollten daher auf den Verzehr von Käse lieber verzichten. Bei einer geringen Menge Käse wird dies aber meist noch keine Probleme bereiten. Zudem sollte Sie Käse aufgrund des meist hohen Fettgehaltes nicht im Überfluss füttern.

Nun zurück zum eigentlichen Thema: Käse und Geruchssinn. Wie riecht der Hund? Ist es nicht eher unwahrscheinlich, dass das Verfüttern von Käse auf dieses ausgefeilte und komplexe System Auswirkungen haben kann?

Wie funktioniert die Hundenase?

Der Geruchssinn ist der **am höchsten entwickelte Sinn** unserer Vierbeiner und gilt als wichtigster der fünf Sinne. Er dient der Orientierung, der Kommunikation zwischen den Tieren sowie der Nahrungssuche. Er spielt eine wichtige Rolle bei der Nahrungsaufnahme und ist dem Geschmackssinn dabei sogar noch übergeordnet. Wenn also ein Futter für einen Hund einen schlechten Geruch hat, dann wird er es in den meisten Fällen auch nicht fressen.

Der Geruchssinn ist beim Hund ab dem vierten Monat voll ausgebildet. Er ist viel stärker ausgeprägt als das Riechorgan des Menschen. Schon die Anzahl der **Riechzellen** auf der Schleimhaut macht dies deutlich, s. Tabelle unten. Zudem gilt: Je länger die Hundenase, desto besser die **Riechleistung**, denn je nach Länge erreicht die **Riechschleimhaut** eine Größe von 85 bis 200 cm^2, beim Menschen sind es dagegen nur etwa 5 cm^2. Ausgebreitet wäre sie übrigens größer als die gesamte Hautoberfläche des Hundes. Dadurch ist auch die gesamte Atemleistung besser als die des Menschen. So kann ein Hund bis zu 300-mal in der Minute ein- und ausatmen, um ständig neue Gerüche aufzunehmen.

Da die Hundenase auch rechts und links unterscheiden kann, hilft das dem Tier, auf diese Weise eine alte Spur zu beurteilen und zu verfolgen. Hunde orten Gerüche obendrein über das Jacobsonsche Organ (auch Jacobson-Organ oder Vomeronasales Organ), das sich im Gaumen befindet.

Das Jacobsonsche Organ ist das Geruchsorgan vieler Wirbeltiere und wird auch als das Nasenbodenorgan bezeichnet. Seine Funktion ist die Aufnahme von Geruchsreizen aus der Nahrung und die Wahrnehmung von Pheromonen.

Über die Nase erfährt der Hund also alle für ihn notwendigen Informationen seiner Umgebung: Alter, Ge-

Vergleich der Riechleistung von Mensch und Hund

	Anzahl Riechzellen
Mensch	5 Millionen
Dackel	125 Millionen
Schäferhund	220 Millionen

schlecht und Gesundheit von Artgenossen, aber auch Stimmungen wie etwa Angst oder Freude kann der Hund riechen. Riechen ist also ein Zusammenspiel von Nase, Riechschleimhaut, Riechzellen, Gehirn und Jacobsonsches Organ.

Da stellt sich die Frage, wie Käse auf eine einzelne oder sogar auf all diese Stationen einwirken soll. Einfluss auf die Riechleistung kann aber im Gegensatz zu Käse eine trockene Nase nehmen. Aus diesem Grund bekommen Spürhunde während ihrer Arbeit zwischendurch etwas zu trinken, um die Nase wieder zu befeuchten und damit einsatzfähig und leistungsstark zu halten.

Das Gehirn leistet eine Menge, wenn es die Riechdaten verarbeitet und auswertet. Daher ist wohl auch das Riechhirn so groß. So macht es beim Hund rund 10 % des gesamten Gehirns aus – beim Menschen sind es nur etwa 1 %.

Zivilisations-Krankheiten

Das Leben unserer Hunde ist schön. Schön, weil man sich als Vierbeiner in der heutigen Zeit um nichts mehr zu kümmern hat: Es braucht nicht mehr gejagt werden, es muss meist nicht um einen Platz im Rudel gekämpft werden, das Fressen wird täglich vorgesetzt, geschlafen wird auf vielen gemütlichen Plätzen im Haus und gestreichelt und geschmust wird ausgiebig!

Dabei wäre es aus ernährungsphysiologischer Sicht im Grunde gar nicht so schlecht, wenn unsere Vierbeiner sich ihr Fressen selbst erjagen müssten. Denn dann würde man ihnen mit großer Wahrscheinlichkeit so manche Zivilisations-Krankheit, die alle mit nicht artge-

rechter Fütterung in engem Zusammenhang stehen, ersparen. Zugegeben, die Vorstellung hat ihren Reiz, aber das geht natürlich in der Realität nicht. So bleibt nur, dass wir als Hundehalter entsprechend handeln sollten.

Was sind Zivilisations-Krankheiten? Hierzu zähle ich die Krankheiten, die heute aufgrund nicht artgerechter Ernährung beim Hund vermehrt auftreten und die es aus dieser Ursache heraus so bei den Wildhunden oder Wölfen nicht gibt.

Zu den häufigsten **Zivilisations-Krankheiten** unserer Hunde zählen:

- Übergewicht
- Krankheiten des Bewegungsapparates
- Allergien
- Nierenerkrankungen
- Diabetes mellitus (Zuckerkrankheit)

Übergewicht

Jeder von uns hat schon mal dem Hund ein Leckerchen zu viel zugesteckt ... das ist nicht der Rede wert. Problematisch wird es dann, wenn es eben nicht bei einem bleibt oder die Ernährung grundsätzlich nicht gut ist.

Dann drohen unseren übergewichtigen Vierbeinern die gleichen **gesundheitlichen Gefahren** wie uns Zweibeinern:

- Diabetes mellitus
- Herz-Kreislauf-Probleme
- Krankheiten des Bewegungsapparates
- Infektionskrankheiten
- geringere Lebenserwartung

Der Hund leidet still unter den Folgen des Übergewichtes, ist nicht mehr so agil und hat auch beim Spaziergang sicher nicht mehr die Lebensfreude, die er als schlankes Tier hatte und hätte.

Wann ist mein Hund zu dick?
Wagen Sie den Selbsttest:

- Die Rippen sind schwer zu fühlen und am Schwanzansatz gibt es eine leichte Verdickung. Der Rücken ist bereits breiter geworden = **leichtes** Übergewicht.
- Die Rippen sind nicht mehr zu fühlen, ein dickes Fettpolster verdeckt die Knochen. Der Unterleib hängt herunter und der Rücken ist stark in die Breite gegangen = **schweres** Übergewicht.

Und, wie fühlt es sich bei Ihrem Vierbeiner an? Tipps für eine Gewichtsreduktion finden Sie auf Seite 114.

Krankheiten des Bewegungsapparates

Ebenfalls als Folge von Ernährungsfehlern, und nicht nur als Folge von Übergewicht, entstehende Skeletterkrankungen zählen zu den zunehmenden Zivilisations-Krankheiten.

Im ersten halben Jahr eines Hundelebens ist die Hauptwachstumsphase. Das Wachstum ist allerdings erst mit etwa 18 Monaten komplett abgeschlossen. In der **Wachstumsphase** werden die ersten Weichen für ein gesundes Hundeskelett gelegt, hier können Unterversorgung, aber auch Überdosierungen fatale Folgen haben. So kann es zum Beispiel bei einer Überversorgung durch Calcium zu Knochenmissbildungen kommen, aber auch eine Unterversorgung ist kritisch zu betrachten. Sie kann zu Rachitis, schlechtem Wachstum und Krämpfen führen. Die Liste ist lang. So kann jeder Mineralstoff, egal, ob im Futter über- oder unterdosiert zu Problemen (nicht nur des Skelettes) führen. Ein falsch zusammengesetztes (Fertig-)Futter in späteren Jahren kann ebenfalls zu schweren gesundheitlichen Problemen führen.

So nehmen ernährungsbedingte

- Arthrosen,
- Spondylosen,
- Hüftgelenksdysplasien und
- Bandscheibenvorfälle

unserer Hunde in der Praxis immer mehr zu.

Allergien

Unsere Vierbeiner können genau wie wir gegen alles mögliche Allergien entwickeln. Die Futtermittelallergie ist dabei am häufigsten. Bei ihr ist der Hund nicht gegen das Futter an sich allergisch, sondern gegen einzelne Komponenten. Es kommt zu einer **Überreaktion des Immunsystems auf Futterbestandteile**. Dabei ist interessant, dass rasseabhängige beziehungsweise individuelle Unterschiede in der Verträglichkeit von Futtermitteln bestehen: Große und temperamentvolle Hunde neigen eher zu Verdauungsstörungen, während hellfarbige und hellhäutige schneller Symptome an und auf der Haut zeigen.

Grundsätzlich kann jedes Futter und jeder Futterinhaltsstoff Allergien auslösen! Meist sind das aber unter anderem Farb-, Lock-, Füll- und künstliche Konservierungsstoffe, synthetische Vitamine oder tierische und pflanzliche Eiweiße (Rind-, Hühnerfleisch, Milchprodukte, Fisch).

An welchen **Symptomen** können Sie eine mögliche Futtermittelallergie erkennen?

- Juckreiz (auch im Analbereich, Lecken der Vorderpfoten)
- Kopfschütteln durch Ohrenentzündungen
- Blähungen
- asthma-ähnliche Symptome

Um herauszufinden, auf welchen Inhaltsstoff beziehungsweise auf welche Zutaten Ihr Hund allergisch reagiert, sollten Sie eine sogenannte **Eliminationsdiät** (Ausschlussdiät) durchführen. Diese dauert in der Regel **acht bis zehn Wochen**. Sie ist die einzige Möglichkeit, eine Futtermittelallergie eindeutig festzustellen, da es bisher noch keine Bluttests oder Ähnliches gibt, um eine seriöse Diagnostik zu betreiben. Die Zeitspanne ist so groß, weil Untersuchungen gezeigt haben, dass einzelne Futterkomponenten noch bis zu zehn Wochen nach der letzten Gabe Reaktionen im Körper auslösen können.

Bei der Zusammenstellung einer Diät für Ihren Vierbeiner ist Ihnen sicherlich Ihr Tierarzt oder -heilpraktiker behilflich.

Nierenerkrankungen

Unter Nierenerkrankungen leiden nicht nur Katzen, sondern auch immer häufiger unsere Hunde. Sie kommen leider auch

Für diese strenge Diät eignet sich vor allem Straußen-, Pferde- und Kängurufleisch sowie Wild. Der Grund ist einleuchtend: Diese Tierarten kommen nur selten in den bekannten und gefütterten Futtermarken vor.

nicht nur bei älteren Tieren vor – deren Auftreten ist bei einigen Hunden wie Cocker Spaniel, Beagle, Chow-Chow und Dobermann erblich veranlagt.

Die **Nieren** haben die **Aufgaben** der Ausschleusung von Abbauprodukten des Eiweißstoffwechsels, Regulation des Elektrolythaushaltes, Ausgleich des Säure-Basen-Haushaltes, Blutdruckregulation und die Herstellung von roten Blutkörperchen. Nicht artgerechte Ernährung begünstigt eine Nierenerkrankung.

Welche **Symptome** zeigen eine mögliche Nierenerkrankung an? Dazu zählen:

- vermehrtes Trinkbedürfnis
- gesteigerter Urinabsatz
- Appetitmangel und Abmagerung
- Schwäche
- Entzündungen der Mundschleimhäute
- Erbrechen
- Durchfall
- Anämie

Eine Nierenerkrankung beginnt schleichend und ist für den Tierbesitzer nicht sofort erkennbar, daher sollten Sie schon bei einem ersten Verdacht Ihren Tierarzt oder Tierheilpraktiker zu Rate ziehen. Ein Nierenschaden ist irreversibel, kann unter guten therapeutischen Bedingungen und einer guten Ernährung jedoch aufgehalten werden!

Diabetes mellitus (Zuckerkrankheit)

Diabetes kann bei Hunden jeden Alters auftreten. Es kommt jedoch vermehrt bei Tieren mittleren und älteren Alters vor, auch nicht kastrierte Hündinnen scheinen eher an Diabetes zu erkranken.

Man unterscheidet **zwei Typen**: Die angeborene (**Typ 1**) und die in der Regel „hausgemachte" Diabetes (**Typ 2**). Beim Typ 2 produziert die Bauchspeicheldrüse Insulin, aber nicht in ausreichendem Maße (Altersdiabetes). Die Gründe hierfür scheinen Fehlernährung und zu wenig Bewegung zu sein. Bei der Fehlernährung spielt vor allem die Überfettung eine große Rolle als Ursache für Diabetes. Die Zellen werden unterversorgt, meist durch einen zu hohen Anteil von Kohlenhydraten im Futter.

Welche typischen, für Sie erkennbare **Symptome** zeigt ein Hund bei einer Zuckerkrankheit?

Die hier genannten können nur eine Auswahl sein:

- gesteigerter Appetit, Heißhunger, vermehrter Durst
- große Harnmengen
- anfängliches Übergewicht geht zunehmend in Abmagerung über
- Muskelschwäche
- Linsentrübung
- vermehrte Ermüdbarkeit, Abwehrschwäche
- Haut- und Fellveränderungen

Als weitere Spätfolge kommt es zu einer Entgleisung des Kohlenhydrat-, Fett- und Eiweißstoffwechsels, die Hunde können einen Zuckerschock bekommen oder ins Koma fallen.

Der größte Verursacher der „Wohlstandserkrankungen" ist das **Überangebot** an Nährstoffen. Die chemisch hergestellten Zusatzstoffe und die Bedarfstabellen sind nicht auf den artgerechten Bedarf unserer Hunde angepasst: „weniger ist mehr".

ZIEL

Im Dschungel der Futterempfehlungen

Überall treffen wir Hundebesitzer auf Ratschläge, Vorschläge und Ansätze zur Ernährung unserer Tiere: auf Hundewiesen, in Tierarztpraxen und in der Werbung. Doch welchen Aussagen können wir glauben?

Mythos Hund und Katze fressen gerne aus einem Napf

Ja, das tun sie – meist ist Futterneid verantwortlich für das Verlangen nach artfremden Fressen.

Wenn Hunde und Katzen hin und wieder aus dem jeweils anderen Napf naschen, ist das noch nicht gefährlich. Ungesund wird es für die Tiere erst, wenn ein Hund dauerhaft von Katzenfutter ernährt werden würde und umgekehrt. Die Gründe hierfür sind ganz einfach und einleuchtend.

Katzen benötigen zur Gesunderhaltung ein sehr eiweißreiches Futter mit ausreichender Menge an Taurin, da sie diese Aminosäure im Gegensatz zu Hunden nicht selbst herstellen können.

Hundefutter enthält für eine Katze zu viele Kohlenhydrate, zu wenig Fleisch und zu wenig Taurin. Langfristig bekommt sie davon schlechte Augen und stumpfes Fell.

Hunde vertragen die verhältnismäßig großen Mengen an Eiweiß im Katzenfutter nicht und brauchen hingegen mehr Kohlenhydrate als die Samtpfoten. Kohlenhydrate finden sich vor allem in Gemüse, das zusätzlich viele Mineralstoffe und Vitamine enthält. Bei einer ausschließlichen Fütterung von Katzenfutter wäre der Hund schlicht mit wichtigen Nährstoffen **unterversorgt**. Die Folgen sind unter anderem Durchfall und Blähungen. Aber vor allem

ist Katzenfutter für Hunde zu energiereich und **macht deshalb dick.**

Das Überangebot von Taurin im Katzenfutter wird vom Hundekörper einfach abgebaut und bereitet keine Probleme. Die sogenannten Riesenrassen (Irischer Wolfshund, Dobermann, Deutsche Dogge) sollen die Fähigkeit der eigenständigen Taurinherstellung allerdings nicht mehr besitzen (Gefahr von Herzproblemen), sodass diese von einer Extragabe Taurin profitieren würden.

Es gibt allerdings verschiedene Lebensphasen, in denen unsere Vierbeiner eine von dem sonstigen Bedarf abweichende Menge an Proteinen benötigen, etwa in der Junghundezeit, während der Trächtigkeit oder im Alter.

Was tun, wenn beide Vierbeiner partout aus einem Napf fressen wollen?

Leider ist dies häufig nicht immer zu verhindern. Am besten ist es, wenn Sie die Tiere getrennt fressen lassen, damit der Futterneid gar nicht erst entsteht. Wenn Sie Futter für Ihre Katze den Tag über stehen lassen wollen, wie es ja meistens für Katzen der Fall ist, dann stellen Sie diesen Napf doch etwas höher – an einen Ort, der für den Hund nicht erreichbar ist.

Eiweiß findet sich vor allem in Fleisch, Fisch- und Milchprodukten. Gemüse ist dagegen überwiegend kohlenhydratreich. Hundefutter sollte mehr Gemüse enthalten, während für die Katze besonders Fisch ein gesunder Futterbestandteil ist.

Mythos Ich habe ein Futter gefunden, das mein Hund verträgt, das reicht

Ja, aber es gibt auch Ausnahmen.

Haben Sie (endlich) ein qualitativ hochwertiges Futter gefunden, das Ihr Vierbeiner gerne frisst, brauchen Sie es – außer eventuell in den Geschmacksrichtungen – nicht mehr zu wechseln. Mit einer Ausnahme: Wenn sich nämlich die Lebensumstände Ihres Hundes ändern. So benötigt ein ruhigerer Schoßhund ein anderes Futter als ein agiler Sporthund. Trächtige oder säugende Hündinnen haben einen anderen Bedarf als der „normale" weibliche Familienhund, ein Junghund wiederum einen anderen als ein zwölf Jahre alter Hundesenior.

So oder so ist es bei der Futterwahl immer wichtiger, auf die richtige Zusammensetzung zu schauen als auf die Geschmacksrichtungen.

Sollte Ihr Vierbeiner plötzlich bei seinem gewohnten Futter mäkelig sein oder generell zu den abwechslungsliebenden gehören – keine Sorge. Bleiben Sie bei der qualitativ guten Futtermarke und wechseln Sie öfters mal die Geschmacksrichtungen. Es gibt einfach Hunde, die Abwechslung auf ihrem Speiseplan wünschen. Das kann jeder Besitzer für sich sehen und individuell entscheiden. Ein Richtig oder Falsch gibt es hier nicht, so lange das Futter den Ansprüchen des Tieres als Beutetierfresser genügt und angepasst ist.

Der Wolf ernährt sich in der freien Natur ebenfalls abwechslungsreich und ganz sicher nicht eintönig und mangelhaft.

Manchmal hilft es übrigens, dem Futter ein wenig Hüttenkäse, frischen Pansen, Frischkäse oder gekochte Kartoffeln unterzumischen. Probieren Sie's doch mal aus.

Einige Hunde haben es jedoch schnell raus, dass sie ihre Besitzer durch die Futterverweigerung zu noch „schöneren" Beimischungsideen bringen können. Aber: Es ist noch kein gesunder Hund am gefüllten Fressnapf verhungert.

Mythos Einmal täglich den Hund zu füttern reicht aus

Nein, besser ist eine häufigere Fütterung von mindestens zwei Mahlzeiten.

Der Hund kann große Mengen an Futter mit einem Mal zu sich nehmen, da der Magen sehr dehnbar ist und die Verdauung langsam geschieht. Er käme mit einer Fütterung am Tag zurecht. Dass wir ihm damit keinen großen Gefallen täten, kann mehrere Aspekte haben.

Zum einen sind gerade sehr futterverrückte und verfressene Hunde **zufriedener** und ausgeglichener, wenn sie eine Haupt- und eine Nebenmahlzeit erhalten.

Zum anderen wäre da noch die Gefahr einer **Magendrehung**. Gerade **große Hunde** neigen zu einer Magendrehung. Daher ist es besonders bei diesen Rassen medizinisch ratsam, wenn diese Tiere ihr Futter auf mindestens 2 Mahlzeiten aufgeteilt bekommen, damit der Magen nicht zu prall gefüllt ist.

Auch bei der Fütterung von **Trockenfutter** empfehle ich mindestens 2 Mahlzeiten, da es durch den darin enthaltenen hohen Anteil an Kohlenhydraten zu unangenehmen Gärprozessen im Darm kommen kann und hierdurch eventuell zu Blähungen und Bauchschmerzen.

Des Weiteren sollten **magenempfindliche Hunde** öfters gefüttert werden, damit der Magen immer leicht gefüllt ist und beständig etwas zu arbeiten hat.

Wichtig ist es aber so oder so, den Hund nicht direkt vor dem Toben zu füttern, sondern ihm nach dem Fressen eine kleine Ruhepause zu gönnen, um eine Magendrehung möglichst zu verhindern.

Aber auch Hunde **im Wachstum** sollten häufiger gefüttert werden, damit die benötigte Energie über den Tag verteilt konstant bleibt und ihnen gleichmäßig zur Verfügung stehen kann.

Muss ich dann bestimmte Zeitabstände zwischen den Mahlzeiten einhalten?

Nein, es ist nicht von Bedeutung, ob die Mahlzeiten immer zur gleichen Zeit gereicht wird. Ein Richtig oder ein Falsch gibt es bei den Fütterungsintervallen nicht. Sie als Besitzer kennen Ihren Hund am besten und wissen, welches Futter wann gefüttert am bekömmlichsten ist .

Wichtiger ist vielmehr die richtige **Futtermenge** insgesamt. Sie richtet sich nach dem individuellen Energiebedarf des Hundes. Dieser variiert von Hund zu Hund, von Lebensphase zu Lebensphase und sollte für jeden Vierbeiner individuell herausgefunden werden. Als erste Orientierung sind die Richtwerte auf den Packungen sicher nicht verkehrt – meist kann aber etwas weniger verfüttert werden. Oder wenn Sie selber kochen: Eine optimale Portion für unsere Hunde sollte aus mindestens zwei Drittel tierischen Ursprungs und maximal zu einem Drittel pflanzlicher Herkunft sein.

Vergessen Sie bei der Mengenberechnung nicht die Leckerlis für zwischendurch. Diese sollten Sie der gesamten Futtermenge zurechnen.

Bei Hunden gibt es gute und schlechte Futterverwerter. Zudem kann die Verdaulichkeit bei Futter A anders sein als bei Futter B. Gering ist die Verdaulichkeit dann, wenn der Hund viel fressen muss, um satt zu sein.

Mythos Der Hund muss einmal die Woche einen Fastentag haben

Nein, auch wenn sein Vorfahr, der Wolf, hin und wieder mehr oder weniger freiwillig einen einlegt.

In der Natur haben Wölfe und ihr Rudel zwar regelmäßig Fastenzeiten, aber nur die Fleischrationen betreffend. Dann nämlich, wenn sie entweder einfach keine Beute erjagen konnten oder wenn sie am Tag vorher sehr erfolgreich bei der Jagd waren und der Bauch schlichtweg noch voll ist. An fleisch- beziehungsweise beutelosen Tagen greifen die Tiere aber trotzdem auf andere Nahrungsquellen zurück, sodass es bei ihnen **keine reinen Fastentage** gibt.

Überlegen Sie, bei Ihrem Vierbeiner trotzdem einen wöchentlichen Fastentag einzuführen? Was möchten Sie damit erreichen?

Eine reinigende Wirkung?

Ein Fastentag würde nur dann Sinn machen, wenn der Futterentzug eine reinigende Wirkung für den Verdauungstrakt des Hundes hätte.

Nun wissen wir bereits, dass die Nahrung verhältnismäßig lange im Verdauungstrakt unserer Hunde verweilt, sodass ein eintägiger Fastentag nur eine geringe „reinigende" Wirkung haben kann. Dafür müsste man dem Hund dann schon über mehrere Tage das Futter entziehen, dies kann aber zu Kreislauf- und anderen Problemen führen und hat „einfach nur so" ganz sicher keinen medizinischen Sinn.

Vielleicht sogar eine Gewichtsreduktion?

Einem übergewichtigen Vierbeiner einmal wöchentlich das Futter als Diät zur Gewichtsreduzierung zu entziehen, führt leider meist nicht zum Ziel. Vielmehr fressen die Hunde nach einem Fastentag häufig noch gieriger und noch mehr als vorher. Auf der anderen Seite kann es sein, dass sich ein durch einen Fastentag hungriger und ansonsten gesunder Vierbeiner beim Spaziergang draußen selbst etwas zu fressen sucht: Gras, Sand, Abfälle und sogar auch Kot. Dies kann häufig nicht vermieden werden und schon ist der gewollte Fastentag ein „Abfalltag" geworden und gewiss kontraproduktiv. Daher ist es bei einem übergewichtigen Hund sinnvoller, wenn das Futter dem Energiebedarf entsprechend angepasst und die Menge an sich eventuell etwas verringert wird. Auch kann es ihm helfen, wenn seine Mahlzeiten auf viele kleine Rationen über den Tag verteilt werden. Verknüpft mit mehr Bewegung, ist dies auf jeden Fall effektiver und geeigneter zur Gewichtsreduzierung als ein Fastentag.

Wenn das alles allerdings nicht hilft und Ihr Vierbeiner zudem zu denjenigen gehört, die scheinbar immer Hunger haben, dann können Sie es einmal mit Futtercellulose versuchen. Diese Rohfasern sind energiearm, werden 1:1 wieder ausgeschieden und können viel Wasser aufnehmen, sorgen also für ein länger anhaltendes Sättigungsgefühl. Das sollte allerdings tatsächlich nur als letzte Möglichkeit zur Unterstützung der Gewichtsreduzierung eingesetzt werden.

Als Abhilfe bei einer Durchfallerkrankung?

Wenn der Hund Verdauungsprobleme wie Durchfall oder Erbrechen hat, kann ihm tatsächlich eventuell ein Fastentag helfen. Allerdings gilt das nur für krankheitsbedingte Durchfälle. Hat Ihr Vierbeiner einfach nur etwas Falsches gegessen, dann reicht es schon aus, diese Zutat vom Speiseplan zu streichen oder das Fressen dieses Bestandteils zu unterbinden. Achten Sie zudem darauf, dass auf jeden Fall ausreichend frisches Wasser zur Verfügung steht!

Was in einem solchen Fall sonst noch hilft, lesen Sie auf Seite 114.

Mythos Der Hund ist ein reiner Fleischfresser

Nein, der Hund wird Fleischfresser genannt, ist aber kein absoluter.

Der Hund zählt zwar zu den Karnivoren (= Fleischfresser), dies lässt aber nicht den Schluss zu, dass sich der Hund ausschließlich von Fleisch ernährt. Richtig müsste es beim Hund wie auch beim Wolf „**Beutetierfresser**" heißen. Das bedeutet, dass zwar viel Fleisch als Hauptnahrungsbestandteil gefressen wird, aber eben auch Magen- und Darminhalt der erlegten Beute.

Daher ist es wichtig, **Obst und Gemüse**, das sich sonst im Magen des Beutetieres befunden hätte und daher bereits vorverdaut gewesen wäre, nicht roh an unsere Hunde zu verfüttern (mehr dazu auf Seite 10).

Über das **gesamte Beutetier** bekommt der Wolf alles was er benötigt, sodass Sie Ihrem Hund idealerweise eine dem Fleischfresser angepasste Ernährung bieten sollten:

> Eiweiße, Enzyme, Vitamine, Mineralstoffe und Spurenelemente bekommt der Wolf durch das **Fleisch**,
> Mineralstoffe ebenfalls über die **Knochen** sowie die daran haftenden Fleischreste und
> die Vitamine und Enzyme erhält der Wolf durch die **Innereien** der Beute.
> Des Weiteren liefert das **tierische Fett** dem Wolf Energie und
> das **Blut** gibt weitere verschiedene Mineralstoffe.
> **Pansen** und auch **Blättermagen** bieten Ballaststoffe.

Zähne

Bereits bei der Betrachtung der Hundezähne, sieht man klar und deutlich, dass diese sich von den Zähnen der Pflanzenfresser unterscheiden:

Die Zähne des Hundes/der Fleischfresser haben sehr **scharfe Kanten**, mit denen Beutetiere rasch zerrissen und zerkleinert werden können. Seine **immense Kaukraft** ermöglicht es ihm sogar Knochenstücke zu durchtrennen. Die Zähne der Pflanzenfresser hingegen sind flach, weil die Pflanzenteile „nur“ zermalmt und zerrieben werden müssen. Denn der Pflanzenfresser beginnt bereits im Maul mit der Zersetzung der Nahrung, weil die pflanzlichen Bestandteile schwerer aufzuschließen sind als die fleischige Nahrung unserer Hunde, deren eigentliche Verdauung und Aufschließung in die Bestandteile erst im Magen oder Darm beginnt.

Der **Hund schlingt** seine Nahrung mehr oder weniger unzerkaut herunter.

Verdauungstrakt

Der **Darm der Fleischfresser** ist im Verhältnis zu dem des Pflanzenfressers etwa halb so lang. Die Verweildauer des Futters ist entsprechend kurz im Vergleich zu der des Pflanzenfressers.

Für größere Mengen Getreidekörner ist das Verdauungssystem des Fleischfressers nicht geeignet: Die Tiere verfügen weder über das Gebiss, um die Körner für die Verdauung vorzubereiten, noch können Magen und Darm diese ausreichend aufschließen.

Fleisch ist für den Hund am besten verwertbar und sollte der Hauptbestandteil des Futters sein. Aber der Hund ist eben nicht „nur“ Fleischfresser.

Carnivor**a** bedeutet **Raubtier**, dazu gehören auch Pandabären, die kein Fleisch fressen, Hunde- (Canoidea) und Katzenartige (Feloidea). Carnivor**e** hingegen bedeutet **Fleischfresser**. Der Hund gehört also sowohl zu den Raubtieren als auch zu den Fleischfressern.

Mythos Rohes Fleisch und Knochen machen Hunde aggressiv

Nein! Weder macht die Fütterung von rohem Fleisch beziehungsweise Knochen einen Vierbeiner aggressiv noch weckt es gar den Jagdtrieb.

Wie viele Hunde müssten dann, wenn dieser Mythos wahr wäre, nur wegen ihrer Fütterung als aggressiv und unberechenbar gelten und entsprechend gehalten werden? Aber auch hier gilt: Die Ausnahme bestätigt die Regel – nur sieht die Ausnahme vermutlich anders aus, als Sie vermuten ...

Für Aggressionen sind meist die **unterschiedlichsten Gründe** verantwortlich:

- Genetische Veranlagung
- Krankheit
- Traumata
- Angst
- Schmerz
- **Ernährung**

Gründe einer über die Ernährung ausgelösten Aggression

Was	Warum
Minderwertige Eiweiße (zum Beispiel Maiskleber, Weizenkleber)	Diese haben eine ungünstige Aminosäurezusammensetzung. Es ist kaum Tryptophan (in Fleisch, Eiern und Milchprodukten) vorhanden. Tryptophan ist die Vorstufe von Serotonin (besser bekannt als „**Glückshormon**") und für die Stimmung eines Hundes (und allen anderen Lebewesen) zuständig. **Wenig Serotonin** kann also zu einer aggressiven Stimmung führen.
Futtermittelunverträglichkeiten/**Allergien**	Viele Hunde vertragen industriell hergestelltes Futter nicht und leiden bei einer solchen Fütterung unter Magen-Darm-Störungen und Hautproblemen. Diese können natürlich auch zu **Schmerzen** führen, die dann wiederum Aggressionen auslösen können.

Ja, auch die Ernährung kann eine Ursache sein. Aber schauen wir doch einmal die möglichen Auslöser genauer an, s. dazu Tabelle oben.

Die Gründe ernährungsbedingter Aggressionen liegen also in ganz anderen Bereichen wie der Mythos behauptet. Vielmehr scheint das Gegenteil der Fall. Folgendes kleines **„Anti-Aggressions"-Beispiel** macht vielmehr deutlich, dass ein selbst hergestelltes Futter mit viel hochwertigen rohem Fleisch vorteilhaft sein kann:

Mir wurde in der Praxis ein Hund vorgestellt, der plötzlich mit 3 Jahren Aggressionen gegenüber anderen Hunden zeigte. Noch vor einem halben Jahr war er sehr lieb, ausgeglichen und reagierte ruhig und besonnen auf seine Artgenossen. Nun hatte sich in der Familie in dieser Zeit einiges geändert und die Haltungsbedinungen waren nicht mehr optimal. Hinzu kam, dass der Hund, ausgelöst durch **minderwertiges Futter**, auch Hautausschläge am gesamten Körper bekam. Als Therapie verordnete ich

Bachblüten und etwas Homöopathisches gegen seinen Hautausschlag. Zudem regte ich an, die Haltungsbedingungen zu ändern und die Ernährung umzustellen.

Das Frauchen stand der **Rohfleischfütterung (BARF),** also selbst gemachtem Futter aus Fleisch, Obst und Gemüse sehr offen gegenüber.

Nach ein paar Wochen wurde der Hund wieder in meiner Praxis vorgestellt und war wie ausgewechselt, Aggression und Hautausschläge waren verschwunden. Die Therapien hatten angesprochen.

Nun ist es nicht ungewöhnlich, dass sich Hunde, die ein selbst hergestelltes Futter auf Fleischbasis bekommen, in ihrem Aggressionsverhalten positiv verändern. Dieses Futter hat einen ausgeglichenen und hochwertigen Proteingehalt und kann durchaus zu einem Aggressions**abbau** führen. Es wurde in Studien noch nicht abschließend geklärt, ob der Verzicht von Farb- und Konservierungsstoffen sowie Geschmacksverstärkern oder der geänderte Proteingehalt zu dieser Aggressionsabnahme führen.

Der mit der BARF-Fütterung oft praktizierte fleischlose Tag soll einen positiven Effekt auf die Stimmung haben. Belegt ist, dass dann im Gehirn vermehrt Tryptophan bereitsteht und mehr Serotonin („Glückshormon") hergestellt wird.

Bei „Aggressionen beim Hund" erhalten Sie auch tatkräftige Unterstützung von erfahrenen Hundetrainern!

Laut Statistik eines Futterherstellers werden in Deutschland 87 % aller Hunde mit Fertigfutter ernährt, 11 % erhalten Fertigfutter zu anderer Nahrung. **Nur 2 %** bekommen rohes Fleisch: Unwahrscheinlich, dass Beißangriffe allein von diesen Hunden ausgehen.

Mythos Rohes Fleisch macht Hunde krank

Nein, nur auf rohes Schweinefleisch sollte verzichtet werden.

Warum hält sich dann dieser Mythos so hartnäckig? Versuchen wir mal einen Fakten-Check:

Fleisch enthält schädliche Krankheitserreger

Argument 1: *Rohes Fleisch ist für Hunde schädlich, weil es Krankheitserreger enthält, die für Hunde gefährlich sein könnten. Zudem stellt ein durch Erreger infizierter Hund eine große Gefahr für seine menschlichen Begleiter dar.*

Stimmt so nicht. Zugegeben, rohes Fleisch ist ganz bestimmt nicht keimfrei. Aber ist es für Hunde wirklich schädlich, dieses Fleisch zu fressen? Sollte nicht das Verdauungssystem eines sogenannten Fleischfressers vielmehr auf die Verdauung von rohem Fleisch mit den darin befindlichen Keimen eingestellt sein?

Das ist die Verdauung unserer Vierbeiner auf jeden Fall sehr optimal: Und zwar mithilfe des Magensaftes, welche Zusammensetzung eine beachtliche Leistung vollbringt. Der **pH-Wert des Magens** kann je nach angebotenem Futter einen Wert von 1 (sehr sauer) erreichen. So regt Fleisch die Produktion an, während Zucker, Getreide, Kartoffeln und pflanzliche Eiweiße die Produktion hemmen. Mehr dazu auf Seite 13.

Wenn der Hund also gebarft wird und sehr viel Fleisch und eher wenig Getreide zu sich nimmt, ist der pH-Wert des Magensaftes während des Verdauungsvorgangs sehr sauer. Zurzeit gibt es noch kein Bakterium, welches einen pH-Wert von unter drei überlebt. Bekannte Keime wie Campylobacter spp., Salmonella spp., Yersinia enterocolitica und Escherichia Coli-Bakterien fühlen sich alle im Durchschnitt bei einem pH-Wert von vier beziehungsweise fünf bis neun sehr wohl. All diese **Keime** haben also im Hundemagen **keine Chance**. Wir Menschen haben übrigens einen pH-Wert um fünf.

Ein Hund und sein Futter ist sicher alles andere als keimfrei – so wie viele andere Dinge in unserem alltäglichen Leben. Die meisten Bakterien sind Umweltkeime und für den Menschen in der Regel nicht gefährlich.

Forscher machten folgende Beobachtungen:

> **30 % aller getesteter Duschköpfe** beherbergten Bakterienkolonien, die die menschliche Lunge befallen können.
> In unseren Kühlschränken sitzen **11,4 Millionen Bakterien** pro Quadratzentimeter. Vor allem das Kondenswasser an der Rückwand gilt als Keimquelle.
> Auf einem großen Geschirrtuch sitzen bis zu **sieben Milliarden Bakterien**.

Einseitigkeit führt zu Mangel

Argument 2: *Einseitig gefüttertes rohes Fleisch kann krank machen und zu Mangelerscheinungen führen.*

Ja, das stimmt. Die häufigste Ursache für Lahmheit, Haltungsschäden, Laufprobleme, Knochenschmerzen und häufige Knochenbrüche sind auf einen **Kalziummangel** zurückzuführen. Grund dafür ist eine einseitig zusammengesetzte Ernährung auf der Basis rohen Fleisches. Dieses enthält nicht nur zu wenig Kalzium, sondern darüber hinaus auch noch große Mengen an Phosphor.

Ein Beispiel: Mageres Rindfleisch hat ein Kalzium-Phosphor-Verhältnis von 1:25. Das gesundheitlich notwendige Verhältnis von Kalzium zu Phosphor beträgt 1:1 (bis 2:1)! Häufig habe ich in der Praxis schon stark **übersäuerte**

Nicht nur rohes Futter enthält Keime: Allein in Kanada und den USA wurden in den letzten Jahren zwölf Rückrufaktionen für mit Salmonellen kontaminiertem **Fertigfutter** durchgeführt ...

Hunde gesehen, weil diese nur mit einseitigem und gleichbleibenden Fleisch/Fleischsorten gefüttert worden sind.

Hinzu kommt, dass bei überwiegender Verfütterung fettarmen Fleisches (wie Leber und Niere) eine **Eiweißüberversorgung** möglich ist. Fettreiches Fleisch wiederum kann zu einem **Eiweißmangel** führen. Und schlussendlich fehlen bei solch einseitiger Ernährung **Ballaststoffe**.

Rohes Schweinefleisch ist gefährlich

Argument 3: *Die Fütterung von rohem Schweinefleisch an Hunde (und Katzen) ist auf Grund der Aujeszky-Krankheit gefährlich.*

Ja, das stimmt. Schon ungekochte Knochen vom Schwein können gefährlich sein. Gleiches gilt für ungekochte Innereien vom Schwein und Produkte, die rohes Schweinefleisch enthalten, wie zum Beispiel Mettwurst.

Das Fleisch kann das sogenannte **Aujeszky-Virus** enthalten, was für den Menschen relativ ungefährlich ist und lediglich Juckreiz und Müdigkeit als einzige Symptome zeigt. Daher wird das Fleisch unserer Nahrungskette nicht automatisch auf das Virus untersucht.

Ganz gefährlich ist hingegen der Verzehr von Schweinefleisch beziehungsweise das Aujeszky-Virus für unsere Hunde. Sie endet bei allen Fleischfressern innerhalb von drei Tagen **tödlich**, eine Heilungschance gibt es nicht.

Hunde, die sich mit dem Virus infiziert haben, zeigen tollwutähnliche Symptome, allerdings ohne aggressiv zu sein. Daher wird die Aujeszkysche-Krankheit auch Pseudowut genannt.

Unser **Fakten-Check** zeigt also, dass rohes Fleisch an sich **nicht krank** macht, wenn man Schweinefleisch vom Speiseplan streicht. Allein die ausschließliche Fütterung von rohem Fleisch ist für unsere Vierbeiner ungeeignet. Aber eine artgerechte Ernährung ist eben mehr als einfach „nur“ rohes Fleisch!

Mythos Trockenfutter ist gut für die Hundezähne

Nein, dies wäre nur der Fall, wenn der Hund ausgiebig und intensiv am Trockenfutter kauen würde.

Aber solch vielkauenden Hunde sind tatsächlich eher sehr ungewöhnlich.

Kaum ein Hund kaut so lange auf einem Trockenfutterbrocken herum, dass dieser die Zähne pflegen würde – ganz im Gegenteil, meist wird er einfach ganz verschlungen. In der freien Wildbahn reinigen Wölfe übrigens ihre Zähne durch das Abtrennen des Fleisches vom Knochen.

In meiner Praxis erlebe ich leider immer stärker vermehrten **Zahnstein** und **Übergewicht** aufgrund des im Trockenfutter häufig enthaltenen Zuckers.

Gegen Zahnstein und für guten Atem sorgen eine gute Ernährung mit wenig Getreide und ohne Zucker, ausreichend Bewegung und hin und wieder ein roher Knochen oder eine Kaustange (natürlich ohne Zucker).

Eine Entscheidung zum Trockenfutter sollte aus anderen Gründen fallen, wie:

- Nährstoffgehalte sind bei gutem Futter meistens gleichwertig im Vergleich zu Nassfutter.
- Wählerische Hunde füttert man meist lieber mit Trockenfutter, da bei der eventuellen Futterverweigerung weniger Müll verursacht wird.

- Im Gegensatz zu Nassfutter enthält Trockenfutter kein Wasser als Füllstoff, sodass der Zugang zu frischen Wasser gewährleistet sein muss. Aber das sollte sowieso bei jedem Futter garantiert sein.

Es liegt aber in Ihrem Ermessen, ob Sie sich für oder gegen eine bestimmte Futterart/-methode entscheiden. Es muss für Sie und Ihren Hund passen.

Beachten Sie, dass Trockenfutter noch nachquillt und entsprechend hierfür noch mehr Platz im Magen benötigt wird. Auch wenn der Hundemagen viel Nahrung aufnehmen kann, hat er irgendwann seine Grenzen erreicht.

Mythos Großrassige Junghunde brauchen besonders viel Kalzium

Nein, zu viel Kalzium ist sogar ungesund für den jungen Hund. Und das gilt für alle Vierbeiner – ganz unabhängig von seiner Rasse und seinem Alter.

Den Mineralstoff Kalzium benötigt der Hundekörper, um Knochen und Zähne aufbauen zu können, aber auch für die Muskulatur und den Zellenerhalt. Es kann nicht selbst gebildet werden, sondern unsere Vierbeiner müssen es über die Nahrung aufnehmen, wie wir Zweibeiner auch. Kalzium ist gerade für Junghunde, die sich noch im Wachstum befinden, wichtig – aber auf die richtige Dosierung kommt es an!

Gekauftes Welpen- und Junghundfutter ist häufig bereits zu kalziumreich. Wenn dieser Kalziumüberschuss über einen längeren Zeitraum anhält, kann das fatale Folgen für die Jungspunde haben. Im Gegensatz zu ausgewachsenen Hunden können sie nämlich für den Körper überschüssiges Kalzium noch nicht aufnehmen und verarbeiten.

Welche **Folgen** kann es haben, wenn die Kalziummenge im Futter nicht angemessen ist?

> Zu **viel**: Verkalkungen, gestörte Knorpelbildung, verdickte Gelenke und Knochendeformationen
> Zu **wenig**: dünne und schwache Knochen, schlechte Zähne sowie Rachitis

Noch viel wichtiger als die alleinige Betrachtung des Kalziumgehaltes ist aber auch ein **ausgewogenes Verhältnis** von Kalzium zu Phosphor. Um Kalzium aufnehmen zu können benötigt der Körper dieses nämlich sowohl in Kombination mit Vitamin D als auch im richtigen Verhältnis zu Phosphor, 1:1 bis maximal 2:1.

Ein Überangebot von Phosphor birgt die Gefahr einer Entmineralisierung der Knochen, hierbei wird Knochengewebe durch Bindegewebe ersetzt. Weiche, biegsame Knochen sind die Folge.

Neben Skelett- und Knorpelschädigungen, die durch eine unverhältnismäßige und einseitige Kalziumfütterung entstehen können, vermindert Kalzium auch die Resorption von Zink, wodurch es bei entsprechend fehlernährten Hunden zum sogenannten Zinkmangelsyndrom kommen kann.

Eine **zusätzliche Kalziumzufütterung** ist also – auch bei großrassigen oder jungen Hunden – nicht notwendig und kann sogar schädlich sein: Eine ausgeprägte Überfütterung mit Kalzium oder anderen Mengen- und Spurenelementen kann ebenso nachteilig wie ein Mangel sein. Vielmehr sollten alle notwendigen Eiweiße, essenziellen Fettsäuren, Mineralstoffe, Spuren- und Mengenelemente sowie Kohlenhydrate in richtig dosiertem Verhältnis bereitstehen.

Welche Fütterungsart passt?

Die gute Nachricht für Sie vorneweg: Jeder Hund frisst anders und alles ist möglich – achten Sie für Ihren Hund auf eine artgerechte, ausgewogene und natürliche Ernährung, die Darreichungsform ist dabei zweitrangig.

Welches Futter für Ihren Vierbeiner geeignet ist und welches Futter Sie ihm geben möchten, das ist Ihre ganz persönliche

Trockenfutter	
Vorteile	**Nachteile**
Gepresstes Trockenfutter quillt mit Wasser nicht so auf.	**Extrudiertes** Trockenfutter quillt stark auf (häufigste Trockenfutterart).
Leicht portionierbar.	Wird bei der Herstellung stark erhitzt, sodass viele Nährstoffe abhandenkommen, „toterhitzt“.
Erzeugt nicht so viel Dreck, weil Trockenfutter nicht staubt.	Inhaltsstoffe sind häufig Getreide, tierisches Fleisch und Nebenerzeugnisse, Fleischknochenmehl, pflanzliche Eiweiße und Fette unklarer Herkunft, also eher minderwertig.
Lange haltbar/gut zu lagern.	Ein offener Trockenfuttersack wird gerne von Parasiten wie Futtermilben als Domizil genutzt.
Relativ preiswert.	Der Hund hat vermehrt Durst.
Ein Futter mit hohem reinen Fleischanteil ist artgerecht und ausgewogen.	
Weniger Verpackungsmüll.	

Entscheidung. Ich möchte hier nur eine kleine Entscheidungshilfe und Denkanstöße geben, indem ich an dieser Stelle die jeweiligen Vor- und Nachteile kurz zusammenfasse.

Am ehesten ist die Ausgewogenheit des Futters entscheidend! Ansonsten gibt es kein Richtig und kein Falsch! So habe ich in meiner Praxis schon viele schlecht ernährte Trockenfutterfresser gesehen, aber auch völlig übersäuerte gebarfte Hunde sowie übergewichtige Nassfutterfanatiker!

Die Auswahl an Futterarten ist so vielfältig wie die Futtersorten: So gibt es neben den hier genannten Varianten auch noch die Flocken, das Teilbarfen und halbfeuchtes Futter – ich wünsche viel Freude beim Auswählen!

Nassfutter (gibt es nicht nur in Dosen)

Vorteile	Nachteile
Wird von den meisten Hunden gern und gut gefressen/hohe Akzeptanz.	Enthält meist einen großen Anteil an pflanzlichen Eiweißbestandteilen und Schlachtabfällen.
Hoher Wassergehalt (meist bis zu 80 %).*	Hoher Wassergehalt (meist bis zu 80 %).*
Ein Futter mit hohem reinen Fleischanteil ist artgerecht und ausgewogen.	Vielfach höherpreisig als Trockenfutter.
Benötigt keine Konservierungsstoffe, was nicht heißt, dass nicht doch welche drin sein können.	Hauptinhaltsstoff ist meist Getreide.
In einigen Futtersorten sind die Inhaltsstoffe artgerecht: ohne Getreide, Geschmacksverstärker, tierische Nebenerzeugnisse und mit viel Fleisch.	Viel Abfall.
	Schwierig zu lagern.

* Den hohen Wassergehalt sehen manche Hundehalter als Vorteil, andere wiederum als Nachteil an.

Selbst hergestelltes Futter auf Rohfleischbasis (BARF)	
Vorteile	**Nachteile**
Durch die eigene Herstellung können wir Hundehalter sicher sagen, was im Futter enthalten ist.	Bei einer einseitigen Rohfütterung kann es zu Mangelerscheinungen und/oder Übersäuerung beim Hund kommen.
Die Hauptbestandteile sind sicher tierischer Art.	Das Einlesen in die Materie ist zeitintensiv.
Hohe Akzeptanz bei den Tieren.	Schwierige Lagerung.
Große natürliche Geschmacks-, Vitamin- und Mineralstoffvielfalt.	

Futtertrends

Im Zuge der bei uns Zweibeinern immer stärker werdenden Sensibilisierung rund ums Thema „Ernährung“, erhalten auch einige Trends in der Fütterung unserer Vierbeiner zunehmend Zuspruch, etwa das „Bio-Hundefutter“ und die „vegetarische bzw. vegane Ernährung“.

Wer zum **Bio-Hundefutter** greift, hat sicherlich analog zu den biologisch erzeugten Lebensmitteln den Hintergedanken, dass das darin verwendete Fleisch aus artgerechter Haltung und der pflanzliche Anteil aus ökologischer Produktion stammen sollen. Bio-Hundefutter kann aber trotzdem Schlachtabfälle enthalten, sofern diese aus Bio-Betrieben bezogen werden. Der Einsatz von Zusatz- und Hilfsstoffen ist im Vergleich zu „herkömmlich“ produziertem Futter stark eingeschränkt, Geschmacksverstärkter, künstliche Farbstoffe und Aromen sind nicht erlaubt. „Bio“ steht nicht in allen Fällen für hervorragende Qualität – hier empfiehlt sich wie beim „konventionellen“ Futter der genaue Blick auf die Zutatenliste!

Auch **vegetarische** oder sogar **vegane Hundeernährung** ist heute bei Mensch und Hund häufiger gefragt als noch vor ein paar Jahren. Ziel einer solchen Ernährung ist es, tierische Anteile wie Fleisch und Fisch durch pflanzliche Proteine (meist Soja) zu ersetzen. Pauschal möchte ich hier nichts ablehnen oder befürworten. Es kommt, wie immer, auf die Futterart an. Eine gute und ausgewogene vegetarische/vegane Kost ist wertvoller als ein qualitativ schlechtes „Fleischprodukt“ für unsere Hunde. Andersrum aber eben genauso.

Ernährungstricks gegen allerlei

Über die Ernährung können wir unseren Vierbeinern viel Gutes tun. Auch bei kleineren Zipperlein scheint der Fundus an möglichen Ernährungstricks nahezu unerschöpflich. Aber was wirkt tatsächlich?

Mythos Harzer Käse hilft, wenn der Hund eigenen oder fremden Kot frisst

Nein, denn Harzer Käse und Kot haben tatsächlich nichts gemeinsam.

Aber warum sollte Harzer Käse dann helfen? Es wird immer wieder behauptet, dass der intensive stinkende Geruch des Käses den Hund vom Kotfressen abhalten soll. Dies ist eher fraglich, weil man ihm den Käse ja nicht direkt vor dem Kotfressen länger unter die Nase hält …

Koprophagie, dieses Wort kommt aus dem Griechischen und bedeutet „Verzehr von Kot". Dies kann der eigene, der von Artgenossen oder auch der Kot von anderen Tierarten sein. Für einige Tierarten ist es sogar überlebenswichtig, den eigenen Kot noch einmal zu fressen, da das Verdauungssystem nicht in der Lage ist, die Nährstoffe bei „nur einem Durchgang" ausreichend aufzunehmen und zu verarbeiten. Die bekanntesten Tiere dieser Gruppe (der „Autokoprophagen") sind viele Arten der Nagetiere, besonders gut zu beobachten beim Meerschweinchen. Aber auch Hasenartige und Doktorfische verzehren ihren Kot nach dem Ausscheiden.

Hunde gehören **nicht** zu den Arten, die physiologisch ihren oder fremden Kot fressen müssen. Wenn sie dieses Verhalten zeigen, kann das folgende Gründe haben:

> Nährstoffmangel
> Verhaltens„problem"
> Darmparasiten
> Appetit auf Abwechslung

Nährstoffmangel: Hunde, die (in der Regel arteigenen) Kot fressen, haben meist einen Nährstoffmangel, am häufigsten ist hier ein Vitamin-B- oder Proteinmangel, auch eine Störung im Säure-Basen-Haushalt ist möglich. Diesen Mangel versuchen die Vierbeiner mit dem Kotfressen auszugleichen, es ist demnach eine rein **instinktive Handlung**, die die Gesundung gewährleisten soll. Sollte

Ihr Hund also nicht nur ab und zu dieses Verhalten zeigen, empfehle ich daher immer eine Blutuntersuchung.

Verhaltens„problem": Das Fressen von arteigenem und/ oder artfremden Kot kann nur einfach eine „dumme" **Angewohnheit** sein. Häufig fressen Hunde auch Kot, wenn sie **Aufmerksamkeit** benötigen. Zudem scheinen vor allem diejenigen Kot zu fressen, die **viel alleine** sind, die **viel Sport** treiben oder als **Arbeitshunde** verwendet werden. In diesen Fällen sollte ein ausgewogenes Verhältnis zwischen aktiver und passiver Phase geschaffen werden. Dann hört das Kotfressen in den meisten Fällen von alleine wieder auf.

Darmparasiten: Eine bereits bestehende **Verwurmung** des Hundes kann ebenfalls zu einer Koprophagie führen. Bei unseren Vierbeinern ist dies allerdings eher selten der Grund und mehr anzutreffen bei den frei lebenden, herrenlosen Hunden, die keinerlei Fell- oder sonstige Pflege erhalten. Durch einen starken Parasiten-/Wurmbefall werden die Verdauungsabläufe gestört, sodass

Nährstoffe nicht mehr richtig aufgenommen werden können und Mangelerscheinungen auftreten, die dann wiederum durch das Kotfressen ausgeglichen werden sollen. Hier können nur eine Entwurmung und eine therapeutische Nährstoffzufuhr helfen.

Appetit auf Abwechslung: Dies kann ebenfalls ein Grund für Kotfressen sein – die Vierbeiner haben einfach Appetit auf etwas anderes. Wenn die Hunde Kot aus Neugier oder aufgrund von fehlender Abwechslung fressen, dann ist dies immer artfremder Kot.

Katzenkot zum Beispiel hat einen hohen Proteinanteil und **Pferdeäpfel** sind eine leckere vegetarische Zwischenmahlzeit. **Meerschweinchen-** und **Kaninchenkot** ist durch den hohen Anteil an Cellulose bei Hunger ein guter Magenfüller.

Darf ich das Fressen von Kot zulassen?

Das Kotfressen erscheint für uns Menschen nicht einfach nur eklig, es ist auch gefährlich, wenn sich der Hund dadurch Parasiten oder Bakterien holt.

Auch die Gefahr der unfreiwilligen Mit-Aufnahme von Medikamenten wie Wurmkuren oder anderen Therapien im Kot können eine Gefahr für den Hund darstellen. Dabei ist es unerheblich, ob es sich um arteigenen oder artfremden Kot handelt. Es ist immer besser, das Kotfressen zu unterbinden, um diese Gefährdung zu vermeiden.

Was hilft dann wirklich gegen das Kotfressen?

Um ein probates Mittel gegen das Kotfressen finden zu können, sollten Sie zunächst Ursachenforschung betreiben. Bei Verhaltensproblemen und Darmparasiten ziehen Sie am besten einen Tierarzt oder Hundetrainer zu Rate. Bei Nährstoffmangel und „Lust auf Abwechslung“ gilt folgendes: Eine bessere „Therapie“ als Harzer Käse ist eine abwechslungsreiche, artgerechte, ausgewogene und vor allem frische Ernährung für Ihren Vierbeiner. Damit wird er in den seltensten Fällen den Drang verspüren, Kot zu fressen.

Gut geeignet sind hier das Beifüttern von **Grünem Pansen** und **frischer Hefe**.

Grüner Pansen enthält noch das halbverdaute Gras inklusive aller Enzyme und Darmbakterien der Kuh, dies ist in dem weißen Pansen nicht mehr vollständig enthalten. Besonders empfehlenswert ist es dabei, rohen, ungekochten Pansen zu füttern. Gekochter grüner Pansen enthält nur noch einen Bruchteil seiner Nährstoffe und wird den kotfressenden Hund nicht von seiner „Zwischenmahlzeit" abhalten. **Frische Hefe** enthält eine Vielzahl von Vitaminen und Nährstoffen, denen Hunden, die Kot fressen, eventuell fehlen.

Harzer Käse, aus Magerquark hergestellt, hat nur rund 1 % Fett. Sportler bevorzugen ihn häufig, weil er mit 126 Kalorien/100 g sehr kalorienarm ist. Neben Eiweiß enthält Harzer Käse Kalzium und Vitamin B – gut für Knochen und Nerven.

Mythos Wenn ein Hund Gras frisst, hat er Magenprobleme

Nein, in den meisten Fällen sind es nur Katzen, die Gras fressen, um zu erbrechen und um verschluckte Haare loszuwerden. Und: Auch wenn es noch so praktisch wäre, ein grasfressender Hund kündigt kein Wetterwechsel an – wie eine alte Bauernregel besagt.

Sie kennen das bestimmt: Kaum sprießen im Frühjahr die ersten grünen Grasspitzen, steht der Hund auf der Wiese und kaut mit verzücktem Gesicht auf dem frischen und feuchten Grün herum. Warum Ihr Vierbeiner das tut, ist wissenschaftlich nicht erwiesen. Eines scheint aber sicher – Magenprobleme sind auszuschließen, da Hunde nach dem Verzehr von Gras nur sehr selten erbrechen.

Ihr Hund frisst Gras, da es ihm vermutlich ...

... einfach schmeckt: Da in den meisten Fällen nur bestimmte Grasarten gefressen werden, scheint es eine Geschmacksvorliebe zu sein. In der Regel sind es die Gräser, die harte und breite Halme haben, wie zum Beispiel Bambusgras.

Hunde können Gras nicht verdauen. Zwar werden die Grashalme auf dem Weg durch den Darmtrakt weicher, aber zersetzt werden sie nicht, etwa wie bei Pferden und Kühen. Es ist also tatsächlich eher unwahrscheinlich, dass Hunde versuchen, mit dem Fressen von Gras einen Nährstoffmangel auszugleichen.

... hilft, Stress abzubauen oder von Langeweile abzulenken: Haben Sie einen aktiven Hund, kann dies der Grund sein. Denn Gras enthält süß schmeckende, zuckerartige Stoffe, die dem Hund helfen, den durch Stress gesenkten Blutzuckerspiegel wieder zu erhöhen. Außerdem werden durch die Bewegung des Kauens und Malmens Endorphine (Glückshormone) freigesetzt. Bei aktiven beziehungsweise überforderten Hunden empfiehlt es sich, einen Ausgleich zu schaffen, der das Tier fordert und Mensch und Tier zusammen Spaß macht.

... den Durst löscht: Als ganz einfacher Grund kann auch das zum Grasfressen führen. Denn Gras enthält meist viel Wasser. Dabei haben Hunde nicht nur viel Durst, wenn sie in der Mittagshitze spazieren gehen. Nein, auch Vierbeiner, die viel Schnüffeln, brauchen für ihre Riechleistung mehr Wasser als andere Hunde.

... hilft, Verdauungsprobleme zu lindern: Ja, wenn Ihr Hund unter Verdauungsproblemen wie beispielsweise Vergiftungserscheinungen, Übersäuerung, Wurmbefall und Magenentzündung leidet, kann er durchaus zum Grasfressen neigen. Aber er muss nicht: Ist Ihrem Hund übel, dann wird er aller Wahrscheinlichkeit nach eher das Fressen verweigern – das ist für Sie ein sichererer Anhaltspunkt hierfür.

Grasfressen ist allerdings – auch in kleinen Mengen – nicht immer empfehlenswert. Sie sollten dabei Ihrem Hund zuliebe auf folgendes achten:

> Harte Gräser besser meiden, denn sie können die Schleimhaut unserer Hunde schädigen und dadurch zu Verletzungen führen. Diese sind oft breit, stabil und rau auf der Oberfläche.

Mitunter helfen sich Hunde bei verschluckten Knochenresten mit dem Grasfressen, wenn dieser noch nicht weiter als der Magen gekommen ist. Dann fressen Sie Gras, welcher sich um den Rest wickelt und erbrechen diesen dann.

- Auch Grannen können zu Verletzungen führen. Sie haben kleine Widerhaken an ihren Samenkörnern, die ebenfalls beim Fressen an die empfindliche Schleimhaut kommen und so zu Rissen oder sonstigen Verletzungen führen können.
- An Straßen gewachsene Gräser sind meist voll von giftigen Abgasen.
- Gräser von landwirtschaftlich genutzten Weiden sind meist nicht gesund: Pestizide und Dünger stellen hier eine Gefahr dar.
- Selbstverständlich sollten Sie Ihrem Hund das Grasfressen in Gebieten verbieten, wo gerade Rattengift verteilt worden ist.

Weiches Gras an sich ist ungefährlich und auch von den Inhaltsstoffen her unschädlich für unseren Hund.

Mythos Knoblauch ist gut gegen Flöhe, Zecken und andere Parasiten

Nein. Ihrem Hund schadet dessen Fütterung mehr als sie ihm nützen könnte.

Trotzdem hält sich das Gerücht in der Hundewelt hartnäckig. Verständlich, denn es wäre ja auch zu schön, wenn wir Hundehalter mit diesem einfachen und natürlichen Kniff diese Plagegeister von unseren kleinen Lieblingen fernhalten könnten, statt immer wieder zur chemischen Keule greifen zu müssen.

Doch gibt es zwei Aspekte, die diesen Mythos eindeutig entkräftigen:

> Die Wirkungsweise von Knoblauch über die Haut beziehungsweise die Schweißdrüsen.
> Die Auswirkung der Knoblauchfütterung auf den Hundeorganismus.

Dies gilt übrigens für den natürlichen, echten Knoblauch, wie auch für die im Handel und in Apotheken erhältlichen Knoblauchpräparate.

Wirkungsweise über Schweißdrüsen: Zwar stimmt es, dass Zecken und andere Parasiten keinen Knoblauchgeruch mögen. Aber nachdem unsere Vierbeiner – im Gegensatz zum Menschen – keine Schweißdrüsen besitzen, kann er also nicht über den Körper ausgedünstet werden! So ist die angepriesene Wirkung durch die Ausdünstungen über die Haut sehr fraglich!

Die scheinbar schützenden Stoffe des Knoblauchs müssen aber irgendwo bleiben, wenn sie nicht über die Haut ausgeschieden werden. Wo gehen sie hin? Sie treten direkt in die Blutbahn des Hundes und damit wären wir schon bei dem zweiten Aspekt.

Auswirkung auf den Hundeorganismus: Bereits eine minimale Menge an Zwiebelgewächsen kann bei Hunden zu Vergiftungserscheinungen führen!

Laut dem Institut für Veterinärpharmakologie und -toxikologie in der Schweiz liegt die **toxische Dosis** bei Hunden schon bei 5 g/kg Körpergewicht (Fütterung von ganzem Knoblauch) oder bei 1,25 ml/kg Körpergewicht (Fütterung von Knoblauchextrakt) innerhalb von sieben Tagen. Eine normalgroße Knoblauchzehe wiegt etwa 3 g. Daraus könnten Sie nun den Schluss ziehen, dass Sie Ihrem Hund ziemlich viel Knoblauch füttern müssten, bis etwas passiert. Das ist richtig, aber wollen Sie das wirklich ausprobieren? Gefährlich ist hier, wie bei fast allen giftigen Stoffen, dass der Prozess schleichend ist. Hunde bekommen meist erst im späteren Stadium Vergiftungssymptome, wenn sich schon viel schädlicher Stoff im Hundekörper aufsummiert hat. Auch die „guten Inhaltsstoffe“ des Knoblauchs wie Kohlenhydrate, Fette, Mineralstoffe und Vitamine können über andere Nahrungsmittel aufgenommen werden. Der hohe Anteil an verschiedenen Kohlenhydraten können von unseren Vierbeinern zudem nur bedingt durch körpereigene Enzyme verstoffwechselt werden.

Nun gehört Knoblauch eigentlich gar nicht zu den Zwiebelgewächsen, ist aber trotzdem genauso schädlich wie diese. Warum? Knoblauch gehört zur Unterfamilie der Lauchgewächse, der wiederum die Küchenzwiebel, die Schalotte, Lauch, Porree, Bärlauch, Schnittlauch und viele mehr angehören.

Als Ursache für die zum Teil schweren Knoblauchvergiftungen bei Hunden wird die im Vergleich zum Menschen andere Ausstattung der roten Blutkörperchen mit Enzymen vermutet. Diese Enzyme schützen die Zellwände unserer roten Blutkörperchen.

Typisch für alle Pflanzen der Lauchgewächse ist die Anreicherung mit schwefelhaltigen Verbindungen im rohen, getrockneten und gekochten Zustand, was auch den typischen Zwiebel- beziehungsweise Knoblauchgeruch ausmacht. Diese zerstören beim Hund die roten Blutkörperchen und führen zu Blutarmut.

Außerdem belastet die Fütterung von Knoblauch und sonstigen Zwiebelgewächsen auch Leber, Nieren und Milz. Dies kann zu starken Stoffwechselproblemen bei unseren Hunden führen.

Hunde, die durch Krankheit, Alter oder Trächtigkeit schon von Haus aus mehr beansprucht sind, reagieren noch schneller und stärker auf die Fütterung von Knoblauch.

Beispiel gefällig?

Leider kann ich diese Beobachtungen aus eigener Praxiserfahrung nur bestätigen. Ein vierbeiniger Patient von mir (Berner Sennenhund, sechs Jahre) wurde mit Anämie vorgestellt.

Nur durch Zufall bekam ich heraus, dass die Besitzer dem Hund zur Zeckenprophylaxe ein Mal wöchentlich eine Knoblauchzehe gaben. Nach Beendigung dieser „Therapie“ und der entsprechenden Medikation ging es dem Hund bald wieder besser. Nicht auszudenken, was bei einem Yorkshire Terrier passiert wäre ...

Übrigens gelten die Rassen Akita Inu und Shiba Inu aufgrund einer angeborenen Anomalie der roten Blutkörperchen für besonders gefährdet, noch schneller negativ auf Knoblauch zu reagieren.

Mythos Bierhefe ist gut für Haut und Haar Ihres Hundes

Ja, an sich schon, aber bei einer Zufütterung über einen längeren Zeitraum ist sie leider äußerst ungesund.

Durch ihr breites Wirkungsspektrum hat die Bierhefe ihr medizinisches Hauptanwendungsgebiet vor allem bei Fell- und Hautproblemen.

Gerade bei **Allergien, Schuppen und Juckreiz,** die oft allesamt im Zusammenhang mit Futtermittelunverträglichkeiten und einem Mangel an essentiellen Fettsäuren sowie einem Mangel am Vitamin-B-Komplex vorkommen, hilft die Gabe von Bierhefe.

Aber auch bei Diabetes mellitus (hier aktiviert sie die Insulinproduktion), Magen-Darm-Problemen (sie reguliert Stoffwechsel und Magensäfte), zur Darmsanierung (nach Antibiotikagaben), zur Stärkung der Nerven und vor allem bei Leberproblemen wird Bierhefe gern angewendet. Hier hat es sich vor allem zur Entgiftung und zur Unterstützung des Stoffwechsels bewährt.

Dies alles gilt aber nur bei einer **kurzfristigen Therapie**. Gibt man Bierhefe über einen **längeren Zeitraum**, wie in der Zecken- und Flohprophylaxe oder zur prophylaktischen Fellpflege, dann **überwiegen die Nachteile** einer solchen Therapie.

Warum das so ist

- Bierhefe hat einen hohen Gehalt an Purin, das in Leber und Dünndarm zu Harnsäure umgewandelt und über die Niere ausgeschieden wird. Folglich steigt der Harnsäurespiegel, es entwickelt sich eine höhere Belastung der Nieren. Bei einem bereits vorhandenen Nierenschaden, kann das fatale Folgen haben.
- Bierhefe enthält Phosphor und auch Kalzium, allerdings ist deren Verhältnis unausgeglichen. Phosphor hat einen sehr hohen Anteil im Vergleich zu Kalzium (36:1, richtig wäre 1:1 bzw. 1:2), dadurch kann es zu Harnsteinbildung, Osteoporose, Blutgerinnungsstörungen, Krämpfen und zu Nierenkrankheiten kommen.
- Auch enthält sie in einem unausgeglichenem Verhältnis Natrium zu Kalium (1:17, richtig wäre 1:1). Dies regt die Harnproduktion an und bewirkt einen Mangel an wichtigen Mineralstoffen. Bei bestehenden Nierenerkrankungen wird das Herz geschädigt.
- Sie begünstigt eine Anfälligkeit und Vermehrung von Darmpilzen. Hier verkehrt sich das Positive ins Negative: Was bei einer Darmsanierung etwa nach Antibiotikaeinnahme gewünscht wird, hat bei Darmpilzen negative Folgen. Bierhefe begünstigt das Klima für Darmpilze und lässt vorhandenen Pilzen noch mehr „Raum“.

Bierhefe wird zudem immer als ein Produkt gelobt, das so viele Aminosäuren, Spurenelemente und Mineralien besitzt wie kein anderes. Trotzdem dürfen meines Erachtens die Risiken nicht außer Acht bleiben.

Bierhefe sind einzellige Hefepilze, nicht zu verwechseln mit Futtermittelhefe. Diese wird wiederum aus Abfall der Zelluloseindustrie gewonnen und hat einen sehr hohen Eiweißgehalt.

Mythos Sauerkraut hilft bei verschluckten Gegenständen

Nein, leider nicht.

Sauerkraut gilt als das Hausmittel, das man einem Hund zum Fressen geben soll, wenn er einen Gegenstand verschluckt hat, der dafür nicht gedacht war. Es soll sich um diesen Fremdkörper legen und ihn auf natürlichem Weg wieder ans Tageslicht befördern. Sollte das so gelingen, ist das ein reiner Glückstreffer. Und: Jetzt stellen Sie sich vor, Sie stellen Ihrem Hund eine Schüssel mit Sauerkraut hin. Meinen Sie, er frisst das freiwillig, wenn es ihm in dem Moment nicht so gut geht, weil er einen Gegenstand geschluckt hat? Wahrscheinlich würden das nicht einmal die der besonders „futteraffinen" Vertreter der Rassen Beagle, Labrador Retriever, Dogge oder Cocker Spaniel tun.

In der Regel werden viele Dinge von alleine wieder ausgeschieden, mit oder ohne Sauerkraut. Wirklich schwierig wird es bei spitzen und sehr großen Gegenständen – da ist Gefahr im Verzug und hier hilft ganz bestimmt auch kein Sauerkraut. Es ist in dem Moment sicher sinnvoller, die Notfallnummer vom Tierarzt parat zu haben.

Darum gilt: Sind Sie sich unsicher, auch in der Frage, was Ihr vierbeiniger Liebling überhaupt verschluckt hat, gehen Sie lieber ein Mal zu viel zum Tierarzt, zögern Sie nicht zu lange.

Der Gegenstand macht dabei den Unterschied

- Bei verschluckten Gegenständen wie **Papiertaschentüchern, Wurstpellen, Murmeln** und **eingepackte Lebensmitteln** besteht in den meisten Fällen kein Handlungsbedarf. Diese unverdaulichen Gegenstände werden in der Regel 1:1 wieder ausgeschieden, auch ohne Sauerkraut.
- Andere Gegenstände wie **Leder, Pappe** und **Papier** werden von der aggressiven Magensäure zersetzt und bereiten dem Hund ebenfalls keine Probleme.
- Ein **Tierarzt** sollte unverzüglich nach dem Verschlucken von **spitzen, scharfkantigen** oder **giftigen** Gegenständen aufgesucht werden. Aber auch das Verschlucken von **Textilien** wie zum Beispiel Socken birgt die Gefahr durch einen eventuellen Darmverschluss! Nur der Tierarzt kann eine zuverlässige Diagnose mithilfe von Röntgen- und Ultraschall-Untersuchungen machen.
- Eine **Kotkontrolle** sollten Sie zwei Tage lang nach dem Fressen des Gegenstandes durchführen sowie eine

Ein **Darmverschluss** ist ein Notfall. Unbehandelt kann er schnell zum Tod führen. Die **Symptome** sind: Erbrechen, harte Bauchdecke, rote Schleimhäute, Fieber oder Untertemperatur, Herzrasen und eine schnelle/flache Atmung.

genaue Beobachtung Ihres Hundes. Wenn das Tier keine Beschwerden bekommt, dann ist alles in Ordnung.

Zeigt Ihr Hund allerdings folgende **Symptome**, nachdem er einen Gegenstand verschluckt hat, sollten Sie ebenfalls so rasch wie möglich mit ihm zum **Tierarzt**:

- Durchfall
- Erbrechen
- Schmerzen im Bauchbereich

Experimentieren Sie nicht mit Sauerkraut oder anderen Dingen, es besteht Lebensgefahr!

Gegen die „Sauerkraut-Theorie" spricht auch, ...

- dass Sauerkraut vermutlich von der Magensäure zersetzt und verdaut werden würde. Es schafft es zusammen mit dem Gegenstand daher wahrscheinlich gar nicht ganz bis zum Darm und dessen Ausgang.
- dass Sauerkraut tatsächlich einerseits auch bei Hunden **abführend wirkt**, aber andererseits dementsprechend ebenfalls zu Blähungen, Bauchschmerzen und Durchfall führt. Weswegen man generell beim Hund alle Kohlsorten vermeiden sollte!

Übrigens: Im Zusammenhang mit **Sauerkraut** hält sich zudem das Gerücht, es sei gut zur Vorbeugung **gegen Würmer**. Von dieser Prophylaxe halte ich ebenso wenig wie von der Prophylaxe mit Wurmkuren. Wurmkuren sind **keine** Vorsorge, sondern wirken nur gegen die Parasiten, wenn der Hund in dem Moment der Eingabe auch wirklich Würmer hat. Also, lieber eine Kotprobe beim Tierarzt abgeben, um dann bei einem Wurmbefall reagieren zu können.

Viele Hundehalter berichten mir außerdem immer wieder, dass sie ihrem Hund auch gern ab und zu „einfach so" Sauerkraut geben.

Wenn der Hund es frisst und verträgt, dann spricht da erstmal nichts gegen. Allerdings würde ich es dann, wie sämtliche Obst- und Gemüsearten, gekocht oder gedünstet und püriert anbieten, damit alle Stoffe (und vor allem das Vitamin C) vom Hund aufgenommen werden können. Fenchelsamen und Schwarzkümmelöl sollten Sie zudem untermischen – das verhindert lästige Blähungen gleich im Vorfeld.

Unglaublich, aber wahr!
Der größte, verschluckte Gegenstand, der mir in der Praxis vorgekommen ist, war ein großes Badehandtuch, welches in einer Not-OP aus dem Magen des Hundes operiert wurde. Dem Vierbeiner geht es zum Glück wieder gut – es ist doch schier unglaublich, was (jungen) Hunden so alles in die Schnauze und in den Magen kommt!

Sauerkraut ist übrigens keine eigene Kohlsorte. Es wird aus verschiedenen Kohlsorten mithilfe von Milchsäurebakterien hergestellt.

Ernährungstipps bei Erkrankungen

Ausführlich haben wir die einzelnen Mythen in der Hundeernährung kennengelernt und es erstaunt mal mehr und mal weniger, wie viele Probleme durch nichtartgerechte Ernährung entstehen können. Andersherum kann man aber auch mit wenigen Ernährungstricks kleinere Erkrankungen beheben und deren Gesundung unterstützen. Etwa bei: Futterverweigerung, Verdauungsstörungen, Stoffwechselerkrankungen, Erkrankungen von Niere und Harnapparat, Über- und Untergewicht sowie Hauterkrankungen. Die Genesung können Sie mit industriell hergestelltem Futter unterstützen oder Sie kochen für Ihren Hund selbst.

Bei leichteren Problemen und Erkrankungen, wie den im Folgenden genannten, können Sie als Hundehalter Ihrem Tier häufig mit Hausmitteln helfen. Viele Zutaten haben Sie bestimmt im Haus und Ihr Vierbeiner reagiert meist schnell positiv darauf. Lesen Sie hier, mit welchen ein-

fachen Ernährungstricks Sie ihm rasch und mit minimalem Aufwand helfen können.

Bei länger anhaltenden Problemen stellen Sie Ihren Hund bitte dem Tierarzt/Tierheilpraktiker vor.

Durchfall (Diarrhoe)

In den meisten Fällen handelt es sich um eine relativ harmlose Erkrankung, die schnell wieder verschwindet. Die **Ursachen** für eine Durchfallerkrankung sind vielfältig. Möglich wären:

- ein zu schneller Wechsel von Hundefutter
- falsche Ernährung (wie zu „gewürztes" Essen oder zu viele pflanzliche Eiweißextrakte)
- Nahrungsmittelunverträglichkeiten
- Befall von Parasiten, Bakterien, Viren
- Vergiftungen
- psychische Probleme

Bei jungen Hunden ist das Auftreten von Durchfall noch viel häufiger, als bei Hunden nach dem vierten Lebensjahr. Oft hat es bei Welpen oder Junghunden mit dem noch unstabilen Abwehrmechanismus zu tun.

Welche **Maßnahmen** Sie am besten bei Durchfall ergreifen, hängt von der Ursache ab.

Allgemein sollten Sie **unverträgliche Nahrungsbestandteile** sofort entfernen (zum Beispiel Milch, Schlachtabfälle, rohes Eiklar und so weiter). Kohlenhydrate sollten vermieden werden.

Bei starkem Durchfall ist ein **Fastentag** mit Hühnerbrühe empfehlenswert und darauf folgend zwei bis drei Tage eine **„Durchfalldiät"**, mit 50 %

Bei Magen-Darm-Problemen eignen sich Karotten sehr gut. Sie enthalten Stoffe, die positiv wirken. Diese werden nach längerem Kochen wirksam – mit Hühnchen, Hüttenkäse oder Magerquark gemischt, eine perfekte Krankenkost für den Vierbeiner.

gekochtem, magerem Hühnerfleisch und 50 % gekochtem Reis. Dies wird in kleineren Portionen über den Tag verteilt angeboten. Des Weiteren können bei nachlassendem Durchfall reizarme, schleimhautschonende Dinge wie Quark, Dickmilch, Buttermilch, Haferschleim oder Reisschleim einem hochwertigen Futter untergemischt werden.

Wichtig ist aber vor allem die **Flüssigkeitszufuhr**, damit die Hunde nicht austrocknen. Wasser sollte immer zur freien Verfügung stehen, aber auch Tees wie Schwarz-, Kamille- und/oder Fencheltee können Abhilfe schaffen und zur Linderung führen.

Bei länger andauerndem oder gar blutigem Durchfall sollten Sie einen Tierarzt aufsuchen.

Verstopfung (Obstipation)

Von einer Verstopfung spricht man, wenn der Hund Probleme hat zu koten, weil dieser zu hart und zu trocken ist, um hinauszugleiten.

Folgende **Ursachen** sind möglich:

- schwerverdauliche Futterbestandteile
- starker Flüssigkeitsverlust
- Verletzungen oder Verformungen des Beckens, die den Darm einengen
- Nervenschäden

> Würmer
> sonstige Schmerzen beim Kotabsatz

In den meisten Fällen ist eine Verstopfung durch eine zu starke Knochenfütterung (zu häufig/zu viel) verursacht. Aber auch andere, schwerverdauliche Dinge kommen infrage wie Papier, Plastik, Haare.

Wenn der Hund länger keinen Kot absetzt, sollten Sie auf jeden Fall einen Tierarzt aufsuchen.

Bei kurzfristiger Verstopfung (maximal 2 Tage) oder als vorbeugende **Maßnahme** helfen ausreichend Flüssigkeit, wenig bis keine Knochenfütterung und viel Bewegung.

Neigt der Hund, zu Verstopfung, sollten Sie auf eine ballaststoffreiche Fütterung achten. Diese erhöht das Kotvolumen, was die Darmbewegung fördert und die Darmpassage beschleunigt. Denn: Je länger der Kot im Darm ist, desto mehr Flüssigkeit wird ihm entzogen – er wird hart, ist nicht mehr gleitfähig und verstopft.

Als ballaststoffreiche Fütterung eignet sich:

> Weizenkleie
> Getreideflocken
> Leinsamen
> Flohsamen

Eine gesunde Darmflora können Sie zusätzlich mit Bierhefe, Quark, Sauermilch und Buttermilch (alles in kurzfristigen Gaben) unterstützen.

Erbrechen

Erbrechen ist ein Reflex des Magens, sich zu schützen und zu leeren. Es ist aber auch ein häufig auftretendes Begleitsymptom bei verschiedenen Krankheiten.

Bei Erbrechen können folgende Dinge **ursächlich** sein:

> unangepasste Fütterung („Abfälle“, Getreide, gewürzte Speisen, pflanzliche Eiweißextrakte, tierische Nebenerzeugnisse)
> Vergiftungen
> Parasiten
> Überfressen
> Magen-Darm-Entzündung
> Nervenschäden
> verschiedene Krankheiten wie Nierenerkrankungen, Infektionskrankheiten, Leberentzündungen, Darmverschlüsse

Hunde erbrechen relativ schnell und häufig, meist aber nur ein- bis zweimalig. Hier besteht dann kein Handlungsbedarf. Ohne ersichtlichen Grund und bei länger andauerndem Erbrechen (etwa 2 Tage) sollten Sie zur Sicherheit einen Tierarzt aufsuchen.

Sehen Sie den Grund des Erbrechens eher in der Fütterung, können Sie Ihrem Hund mit einer **Ernährungsanpassung** helfen. Hier tut dem Patienten sicher gekochter Reis, gekochtes Hühnerfleisch und Magerquark gut. Als Getränke können Tees (Schwarztee, Kamillentee) Abhilfe schaffen.

Futterumstellung

Während die meisten Hunde bei einer abrupten Nahrungsumstellung keinerlei Probleme mit ihrer Verdauung bekommen, reagieren manche mit Durchfall oder Verstopfung.

Wenn Ihr Vierbeiner zu den magenempfindlicheren gehört und Sie für ihn eine generelle Nahrungsumstellung planen, empfehle ich, diese langsam zu vollziehen. Hier können Sie zur „weicheren" Umstellung beitragen, indem Sie für einige Tage die neue Nahrung mit dem alten Futter vermischen und dabei den Anteil der neuen Nahrung ständig erhöhen.

Stoffwechselkrankheiten

Bei Stoffwechselkrankheiten, beispielsweise leichtere Leberprobleme, empfehle ich immer eine Leberschonkost: wenig Fleisch und Fett, mehr Kohlenhydrate. Aber auch Pflanzen wie Artischocke und Löwenzahn können hier ganz einfach unter das Futter gerührt werden.

Rezepte

Im Folgenden sind ein paar kleine Rezepte aufgeführt, die Ihnen den ersten Einstieg in eine unterstützende Ernährung erleichtern sollen. Bei Fragen oder weiteren Anregungswünschen wenden Sie sich an Ihren Tierarzt/Tierheilpraktiker.

Aufgrund der unterschiedlichen Größen der Hunde und dazugehörigen Tagesrationen, sind die Mengenangaben der Zutaten in Prozent angegeben.

Diät zur Gewichtsabnahme	Fisch (Meeräsche), 50 % Nudeln, aus Weizenvollkornmehl, 27 % Karotten, gekocht, 16 % Weizenkleie, 5 % Pektin, 1 % Rapsöl, 1 %
Diät zur Gewichtsabnahme	Geflügelfleisch, Brust ohne Haut, 28 % Hüttenkäse (20 % Fett i.d. Trockenmasse), 33 % Haferflocken, 25 % Karotten, gekocht, 6 % Weizenkleie, 6 % Pektin, 1 % Rapsöl, 1 %
Schonkost zur Regulierung bei Störungen im Verdauungstrakt	Hackfleisch vom Rind mit max. 15 % Fett, 10 % Tofu, 40 % Reis, gekocht, 44 % Karotten, gekocht, 3 % Weizenkleie, 1 % Rapsöl, 2 %
Schonkost zur Regulierung bei Störungen im Verdauungstrakt	Hühnerfleisch, Brust mit Haut, 22 % Gekochter Reis, 68 % Karotten (gekocht), 6 % Kleie, 2 % Rapsöl, 2 %

BHA??

Service

Interessiert und verantwortungsbewusst lesen wir die Angaben auf der Verpackung der Futterdosen und -tüten. Mit den richtigen Detailinformationen sind diese ganz leicht zu entschlüsseln. Was nicht alles im Futter steckt …

Wissenswertes

Was ist drin im Futter?

Die Anzahl der auf der Futterverpackung angegebenen Inhaltsstoffe ist riesig. Einige klingen plausibel, andere eher „geheimnisvoll“. Um die Verpackungsinformationen richtig lesen und deuten zu können, ist es gut zu wissen, was sich dahinter verbirgt. Daher hier für Sie in tabellarischer Form die Aufschlüsselung der Inhaltsstoffe und in einer zweiten Tabelle im Anschluss die Einsatzbereiche der Vitamine.

Erläuterungen zu den Inhaltsangaben eines Futters

Bezeichnung	Was ist damit gemeint?	Was sagt uns Verbrauchern diese Information?
Bäckereierzeugnisse	Hierunter fallen beispielsweise Nudeln, Brot und Kuchen.	Hier sind sehr oft Zucker versteckt.
BHA (Butylhydroxyanisol) (E320)	Konservierungsmittel: ein Antioxidat, in einigen Ländern bereits verboten (E320).	Kann Leberschäden, Fötenmissbildungen und Krebs hervorrufen.
BHT (Butylhydroxytoluol) (E321)	Konservierungsmittel: ein Antioxidat, in einigen Ländern bereits verboten (E321).	Kann Leberschäden, Fötenmissbildungen und Krebs hervorrufen.
Cellulose	Unverdauliche Zellwandbestandteile/ Abfallprodukte aus der Getreideherstellung.	Ein hoher Gehalt von Cellulose vermindert die Verwertung des Nahrungsproteins, der übrigen Kohlenhydrate sowie der Fette und kann die Aufnahme von Vitaminen beeinträchtigen.
Dicalciumphosphat (E540)	Konservierungsstoff, kommt im Tiermehl vor (E540).	Schwer verdaulich und in der Nutztierhaltung bereits untersagt.

Bezeichnung	Was ist damit gemeint?	Was sagt uns Verbrauchern diese Information?
Digest	Eine Flüssigkeit, die von tierischen Geweben mithilfe von chemischer und enzymatischer Hydrolyse hergestellt wird.	Eine chemisch vorverdaute „Nahrung". Erhöht die Akzeptanz des Futters.
EWG oder EU Zusatzstoffe	Hinter der Bezeichnung können alle zugelassenen Konservierungsstoffe stehen.	Meist wird diese Bezeichnung genannt, wenn BHA oder BHT verwendet wurde.
Fischmehl	Getrockneter, gemahlener Fisch, entweder als Ganzes oder nur Teile.	Dabei wird meistens das wertvolle Öl entfernt.
Fleisch	Mischung aus verschiedenen Sorten, zur näheren Spezifikation sollte „Rind", „Lamm" etc. angegeben sein.	In Europa wird „Fleisch und tierische Nebenerzeugnisse" in der Tiernahrung meist nicht genauer definiert.
Geschmacksrichtung/-sorte	Um auf dem Etikett zum Beispiel „Rind" als Sorte benennen zu dürfen, muss mindestens 4 % des Doseninhalts vom Rind stammen. In der Deklaration heißt es dann „Fleisch und tierische Nebenerzeugnisse (mind. 4 % Rind)".	Diese Angabe erlaubt keine Aussage über den gesamten Fleischanteil und die anderen verwendeten Fleischsorten.

Bezeichnung	Was ist damit gemeint?	Was sagt uns Verbrauchern diese Information?
Konservierungsstoffe	Die europäische Gesetzgebung macht einen Unterschied zwischen Konservierungsstoffen und Antioxidantien. (Antioxidantien verhindern, dass das Fett ranzig wird.)	Leider gibt es Tiernahrungshersteller, die auf ihren Verpackungen „ohne künstliche Konservierungsstoffe" schreiben, jedoch die Auflistung „Antioxidant: EWG-Zusatzstoffe" zu finden ist. Hinter diesen Begriffen verstecken sich meist die Stoffe BHA, BHT. Sollte Vitamin E (ein natürliches Antioxidant) verwendet worden sein, wird dies auch ausgeschrieben.
„Nebenerzeugnisse"/ tierische Nebenprodukte	Es dürfen zum Beispiel Blut, Haut, Schwarte, Hufe, Federn, Hörner, Hühnerköpfe und -füße sowie Wolle, Lunge, Geschlechtsorgane, Gebärmutter, Eierstöcke, Hoden, Därme und alle anderen bindegewebereichen Abfälle der Tiernahrung beigemischt werden.	Es handelt sich um Schlachtabfälle, diese sind minderwertige Eiweißquellen. Sie beinhalten oft Drüsensekrete und Hormone. Alle „Nebenerzeugnisse" sind qualitativ schlecht; dazu können auch Innereien gehören, die zu einem sonst wertvollen Teil der Tiernahrung gehören. Es ist jedoch unmöglich zu wissen, was hinter dem Begriff und in dem Futter steckt. Man sollte daher auf den Hinweis „ohne tierische und pflanzliche Nebenerzeugnisse" achten. Denn hochwertiges Futter wird keine ungenauen Deklarationen haben. Vielmehr wird sie beschreiben, welche Inhalte vorhanden sind wie Leber, Herz etc.

Bezeichnung	Was ist damit gemeint?	Was sagt uns Verbrauchern diese Information?
Rohasche	Theoretischer Wert: Was bliebe übrig wenn das Futter komplett verbrannt würde.	Wünschenswert ist ein Anteil der nur maximal 4 % ausmacht. Höhere Anteile weisen auf minderwertige Inhaltsstoffe hin (zugesetzte Mineralien, Federn, Molke, Tiermehl, Knochen) und das hätte eine hohe Nierenbelastung, starke Zahnsteinbildung und Knochenstoffwechselstörungen zur Folge.
Rohfaser	Ballaststoffe; die Anteile der pflanzlich unverdaulichen Rohfasern. Der Anteil sollte zwischen 2 % und 4 % liegen.	Bei Futtermitteln, welche für Diäten eingesetzt werden, wird der Anteil der Rohfaser in der Regel erhöht, um ein schnelleres Sättigungsgefühl zu erreichen.
Rohfett	Bezeichnung für Fettquellen – unabhängig von ihrer Herkunft und Qualität.	Es ist nicht erkennbar, ob es sich um pflanzliche oder tierische Fette handelt: Altöl und Fritieröl besitzen ebenfalls einen Rohfettgehalt. Rohfett sollte ein ausgewogenes Verhältnis zwischen gesättigten und ungesättigten Fettsäuren haben. Dies ist jedoch auch hier nicht erkennbar.

Bezeichnung	Was ist damit gemeint?	Was sagt uns Verbrauchern diese Information?
Rohprotein	Alle stickstoffhaltigen Verbindungen (Eiweißverbindungen). Hier kommt es nicht auf den Eiweißträger an, sondern nur auf die tatsächlich im Futter vorkommende Anzahl der Gesamtverbindungen. Zu den Eiweißträgern gehört Fleisch, aber auch Klärschlamm und Federn.	Um einen Anhaltspunkt zu haben, sollte man Folgendes beachten: Ab einem Wert von etwa 1 % Lysin und einem Wert von etwa 0,5 % Methionin kann man davon ausgehen, dass hochwertigere Eiweißquellen verwendet wurden.
Sojamehl	Nebenprodukt der Sojabohnenherstellung, hat einen extrem hohen Anteil an pflanzlichem Eiweiß.	Die biologische Verwertbarkeit ist sehr gering und manche Tiere reagieren allergisch mit Durchfall, Blähungen und/oder Juckreiz.
Zusatzstoffe	Gentechnisch/chemisch hergestellte Vitamine und zugesetzte Spurenelemente.	Es kann kein Rückschluss in den ursprünglichen Rohstoffen enthaltenen Vitamine und Spurenelemente getroffen werden. Es zeigt, dass in den verwendeten Zutaten nicht ausreichend Mineralien und Vitamine vorhanden sind und deshalb nachträglich beigemischt werden mussten.

Einsatzbereiche synthetischer und natürlicher Vitamine		
Name	**Art**	**Info**
Vitamin C	Synthetisch hergestellt	Nutzen fraglich
	Natürlich vorkommend	verhindert Skorbut und wird in der Leber hergestellt
Vitamin B	Synthetisch hergestellt	Nutzen fraglich
	Natürlich vorkommend	Wird im Dickdarm während der Verdauung hergestellt
Vitamin D3	Synthetisch hergestellt	Ist unnötig und wirkt auf den Hormonstoffwechsel ein
	Natürlich vorkommend	Wird bei Bedarf für den Calciumstoffwechsel produziert
Vitamin E	Synthetisch hergestellt	Nur als alpha-Tocopherol hergestellt und geprüft
	Natürlich vorkommend	Besteht normalerweise aus 16 verschiedenen Substanzen
Vitamin K	Synthetisch hergestellt	Nutzen in täglicher Ernährung fraglich, nur im Notfall, wie Rattengiftvergiftung absolut notwendig und sinnvoll
	Natürlich vorkommend	Für Blutgerinnung, vom Darm gebildet
Vitamin A/ Beta-Carotin	Synthetisch hergestellt	Nur wenige Komponenten überhaupt herstellbar, greift die Niere an
	Natürlich vorkommend	Aus Beta-Carotin wird Vitamin A selbst hergestellt, bestehend aus vielen Komponenten
Vitamin P (Bioflavonoide/Flavonoide)	Synthetisch hergestellt	Noch nicht herstellbar
	Natürlich vorkommend	Bestehend aus 1000 verschiedenen Komponenten, Partnervitamin von Vitamin C

Buchtipps

Bucksch, Martin: Wenn Futter krank macht. Futtermittelallergien und -unverträglichkeiten beim Hund. Cadmos Verlag, 2012

Reinerth, Susanne: Natural Dog Food. Rohfütterung für Hunde. BoD, 2005

Swanie, Simon: BARF. Biologisch Artgerechtes Rohes Futter für Hunde. Verlag Drei Hunde Nacht, 2008

vom Stein, Sabine und Franz-Viktor Salomon: Hundekrankheiten. Verlag Eugen Ulmer, 2011

Ziegler, Jutta: Hunde würden länger leben, wenn, ... mvg Verlag, 2011

Zentek, Jürgen: Hunde richtig füttern. Verlag Eugen Ulmer, 2012

Klicks im WWW

http://www.dgk.de/
Unter „Tiergesundheit“ finden Sie zahlreiche Infos.

http://www.vetpharm.uzh.ch/perldocs/index_x.htm
Datenbank zu Giftsubstanzen, Giftpflanzen & Vergiftungssymptomen.

http://www.tiermedizinportal.de
Übersicht über die wichtigsten Hundekrankheiten.

http://www.barf-fuer-hunde.de/
Hier finden Sie umfassende Infos rund ums Barfen.

Bildnachweis

Alle Zeichnungen in diesem Buch und auf dem Umschlag stammen von Susanne Dinkel, Reutlingen.

Wo finde ich was?

Impressum

Bibliografische Information der Deutschen Nationalbibliothek
Die Deutsche Nationalbibliothek verzeichnet diese Publikation in der Deutschen Nationalbibliografie; detaillierte bibliografische Daten sind im Internet über http://dnb.d-nb.de abrufbar.

Hinweis: Der Verlag Eugen Ulmer ist nicht verantwortlich für die Inhalte der im Buch genannten Websites.

Wollgrasweg 41, 70599 Stuttgart (Hohenheim)
E-Mail: info@ulmer.de
Internet: www.ulmer.de

Lektorat: Gabi Franz, Kathrin Gutmann
Herstellung: Ulla Stammel, Christine Süß
Umschlagentwurf: Atelier Reichert, Stuttgart
Satz: r&p digitale medien, Echterdingen
Reproduktionen: Timeray, Herrenberg
Druck und Bindung: Friedrich Pustet GmbH, Regensburg
Printed in Germany

ISBN 978-3-8001-6916-0